SCIENCE

我与科学捉迷藏

QINGSHAONIAN AI KEXUE

李慕南　姜忠喆◎主编〉〉〉〉

UO YU KEXUE ZHUOMICANG

及科学知识，拓宽阅读视野，激发探索精神，培养科学热情。

数字中的科学

U0363142

吉林出版集团

北方妇女儿童出版社

图书在版编目（CIP）数据

数字中的科学 / 李慕南,姜忠喆主编. —长春：
北方妇女儿童出版社,2012.5（2021.4重印）
（青少年爱科学. 我与科学捉迷藏）
ISBN 978 - 7 - 5385 - 6317 - 7

Ⅰ. ①数… Ⅱ. ①李… ②姜… Ⅲ. ①数学 – 青年读
物②数学 – 少年读物 Ⅳ. ①O1 – 49

中国版本图书馆 CIP 数据核字（2012）第 061956 号

数字中的科学

出 版 人　李文学

主　　编　李慕南　姜忠喆

责任编辑　赵　凯

装帧设计　王　萍

出版发行　北方妇女儿童出版社

地　　址　长春市人民大街 4646 号 邮编 130021
　　　　　电话 0431 – 85662027

印　　刷　鸿鹄（唐山）印务有限公司

开　　本　690mm × 960mm　1/16

印　　张　12

字　　数　198 千字

版　　次　2012 年 5 月第 1 版

印　　次　2021 年 4 月第 2 次印刷

书　　号　ISBN 978 - 7 - 5385 - 6317 - 7

定　　价　27.80 元

前　　言

科学是人类进步的第一推动力,而科学知识的普及则是实现这一推动力的必由之路。在新的时代,社会的进步、科技的发展、人们生活水平的不断提高,为我们青少年的科普教育提供了新的契机。抓住这个契机,大力普及科学知识,传播科学精神,提高青少年的科学素质,是我们全社会的重要课题。

一、丛书宗旨

普及科学知识,拓宽阅读视野,激发探索精神,培养科学热情。

科学教育,是提高青少年素质的重要因素,是现代教育的核心,这不仅能使青少年获得生活和未来所需的知识与技能,更重要的是能使青少年获得科学思想、科学精神、科学态度及科学方法的熏陶和培养。

科学教育,让广大青少年树立这样一个牢固的信念:科学总是在寻求、发现和了解世界的新现象,研究和掌握新规律,它是创造性的,它又是在不懈地追求真理,需要我们不断地努力奋斗。

在新的世纪,随着高科技领域新技术的不断发展,为我们的科普教育提供了一个广阔的天地。纵观人类文明史的发展,科学技术的每一次重大突破,都会引起生产力的深刻变革和人类社会的巨大进步。随着科学技术日益渗透于经济发展和社会生活的各个领域,成为推动现代社会发展的最活跃因素,并且成为现代社会进步的决定性力量。发达国家经济的增长点、现代化的战争、通讯传媒事业的日益发达,处处都体现出高科技的威力,同时也迅速地改变着人们的传统观念,使得人们对于科学知识充满了强烈渴求。

基于以上原因,我们组织编写了这套《青少年爱科学》。

《青少年爱科学》从不同视角,多侧面、多层次、全方位地介绍了科普各领域的基础知识,具有很强的系统性、知识性,能够启迪思考,增加知识和开阔视野,激发青少年读者关心世界和热爱科学,培养青少年的探索和创新精神,让青少年读者不仅能够看到科学研究的轨迹与前沿,更能激发青少年读者的科学热情。

二、本辑综述

《青少年爱科学》拟定分为多辑陆续分批推出,此为第四辑《我与科学捉迷

藏》,以"动手科学,实践科学"为立足点,共分为 10 册,分别为:

1.《边玩游戏边学科学》
2.《亲自动手做实验》
3.《这些发明你也会》
4.《家庭科学实验室》
5.《发现身边的科学》
6.《365 天科学史》
7.《用距离丈量科学》
8.《知冷知热说科学》
9.《最重的和最轻的》
10.《数字中的科学》

三、本书简介

本册《数字中的科学》讲述了数字的故事,揭示数字背后的科学。理论上太阳能飞船到达冥王星所花时间是多少?欧洲月球探测器"智慧 1 号"飞往月球所花时间是多少?航天员在空间站上最长的飞行时间是多少?母亲怀孕时间是多少?世界上第一座核反应堆的质量是多少?世界最大的载货卡车载质量是多少?第一台电子计算机质量是多少?中国杂交水稻每公顷产量是多少?美国新一代载人登月航天器的质量是多少?离地球最近的一颗近地小行星与地球的距离是多少?地球到月球的距离是多少?光每秒行进的距离是多少?人类首次环球海洋考察的航程是多少?世界上第一台激光器达到的温度是多少?地核中心温度是多少?光学高温计测温上限是多少?地球外核与地幔交界处的温度是多少?世界第一座超大型太阳炉高温是多少?……答案尽在书中。

本套丛书将科学与知识结合起来,大到天文地理,小到生活琐事,都能告诉我们一个科学的道理,具有很强的可读性、启发性和知识性,是我们广大读者了解科技、增长知识、开阔视野、提高素质、激发探索和启迪智慧的良好科普读物,也是各级图书馆珍藏的最佳版本。

本丛书编纂出版,得到许多领导同志和前辈的关怀支持。同时,我们在编写过程中还程度不同地参阅吸收了有关方面提供的资料。在此,谨向所有关心和支持本书出版的领导、同志一并表示谢意。

由于时间短、经验少,本书在编写等方面可能有不足和错误,衷心希望各界读者批评指正。

本书编委会
2012 年 4 月

目　　录

一、时间中的科学

二、长度中的科学

三、温度中的科学

四、质量中的科学

一、时间中的科学

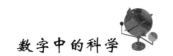
钍 232 的半衰期

能够和宇宙年龄相媲美的时间长度恐怕只有钍 232 的半衰期了。不同科学家依据不同的观测事实或理论推演给出的宇宙的年龄有时候会相差数十亿年，而钍 232 的半衰期却相对精确一些。

早在 19 世纪科学家们提出原子论的时候，认为同一元素的所有原子形状、质量和性质都是完全相同的。进入 20 世纪后，人类开始探索原子的秘密。英国科学家汤姆逊根据带电粒子在电场和磁场作用下的偏转，首次精确测定了氢原子的质量以及氦、氮、氧、氖等气体离子的质量，发现这些气体离子的质量都是氢原子质量的整数倍，这与科学家用其他方法测定的原子量不同。

最令人奇怪的是，他还发现了一种质量是氢原子 22 倍的带正电荷的气体离子，从光谱上看应该是氖离子，化学性质也与氖离子相似，就是质量比一般氖离子略大了一点儿。这是什么气体呢？为了区别起见，汤姆逊把它们分别称作氖 20 和氖 22。

直到后来，汤姆逊的学生卢瑟福和他的助手索迪发现，放射性元素在衰变过程中会自发地不断放射出粒子，其后自身便转变成另外一种放射性元素，直至最终变成稳定的元素。后来人们将放射性元素的质量变小到只剩下原来的一半所需要的时间称为元素的半衰期。

索迪发现，有些放射性元素具有相同的质子数，但中子数不同，其表现为化学性质基本相同，但质量和放射性不同，这些元素应该放在周期表上的同一位置，被称为"同位素"。

不久，汤姆逊的另一位学生阿斯顿发明了质谱仪，用它研究了各种元素，结果发现不仅是放射性元素，自然界中绝大多数化学元素都有数目不等的同

英国物理学家卢瑟福照片

位素，而且各种同位素的质量都是氢原子核质量的整数倍。所谓原子量，是指所有这些同位素混合后的相对原子质量。

例如，自然界中有氖 20、氖 21 和氖 22 三种不同质量的同位素，其中氖 20 最常见，氖 22 约占 1/10，氖 21 只占 1/400，它们混合后的相对原子质量即原子量是 20.18。

自然界中钍有 24 种同位素，质量数分别为 212~236，它们混合后的原子量为 232.04。钍 232 衰变缓慢，其半衰期长达 141 亿年，而钍 228 的半衰期只有 5.76 年。

科学家通过分析一些最古老恒星的光谱，根据其中放射性元素衰变产生的元素数量，例如钍 232 和衰变产物钕的比例，可以算出这种衰变持续进行的时间已有 100 多亿年，以此可以推算出这颗恒星的年龄，并近似估计宇宙的年龄。

由于卢瑟福、索迪和阿斯顿在放射性元素和同位素方面的研究成就，他们三人分别在 1908、1921 和 1922 年荣获诺贝尔化学奖。

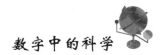

宇宙的年龄

宇宙的年龄到底有多大？这是科学家们一直在探索的问题，至今，答案仍然是不确定的。

在很多人的眼中，宇宙的一切似乎是无限的，不可能有什么起点，更无从谈起什么诞生时间和年龄。但大多数科学家不这么看，因为只要承认宇宙是物质的、演化的，那就等于承认它有一个时间进化箭头，沿着时间箭头的方向倒推回去，就应该能找到宇宙的起点。

人类对于现代宇宙概念的认识只有不到 100 年的时间。直到 20 世纪 20 年代，科学家才首次确认了河外星系的存在。此后陆续发现了星系团、超星系团等更高层次的天体系统，使我们的视野逐渐扩展到远达上百亿光年的宇宙深处。

1922 年，前苏联科学家弗里德曼在当时已发现大多数漩涡星云正在远离地球现象的基础上，运用爱因斯坦的广义相对论来描述宇宙是如何随时间而演变的，首次提出宇宙正在不断运动即膨胀。

1929 年，美国科学家哈勃通过长期观测发现，我们向宇宙深处看得越远，那里的星系看上去飞离我们越快。由于所有的远方星系看上去都在远离银河系，他推测这些星系彼此间也一定是互相远离的，并由此得出结论：在大尺度上宇宙中的所有星系都在彼此远离而去，而且距离较近的星系离去得慢一些，距离较远的星系离去得快一些，距离越大，彼此远离的速度越大。因此得出的结论是：宇宙正在膨胀和延伸，犹如一个正在胀大的气球。

既然认为宇宙一直在膨胀，那么追根溯源，早期的宇宙一定比现在小得多，也密集得多，由此美国科学家伽莫夫等人提出了宇宙起源于原始大爆炸的假说，认为我们的宇宙曾经历了由致密到稀疏、由灼热到寒冷的阶段，并

按照这种观点来研究宇宙中天体演化的历史，预言目前仍能观测到宇宙空间残存着温度很低的背景辐射。

　　1965 年，微波背景辐射的发现证实了伽莫夫等人的预言，从此，许多人把大爆炸学说看成标准宇宙模型。根据大爆炸学说的观点，我们所观察到的宇宙，在其孕育的初期集中于一个体积很小、温度极高、密度极大的"原始火球"，也有人认为这个"原始火球"就应该是相对论中所预言的时空"奇点"。根据哈勃太空望远镜最新精确测定出的宇宙目前膨胀速度，可以推测出在距今约 137 亿年前产生了"我们的宇宙"。（对宇宙起源的确切时间目前尚有争论，国际天体物理学研究小组认为，宇宙的年龄是 141 亿年，而美国科学家认为应该是 137 ±1 亿年）。

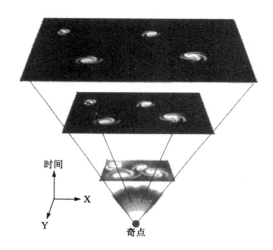

膨胀宇宙可以回推到一个初始起点，即大爆炸的发生时间

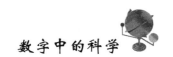

太阳系的年龄

早在远古时代，人类就已开始观察和记录天体的位置和运行特点。

古希腊人猜想，天空就像是一顶坚固的篷盖，日月及水星、金星、火星、木星和土星各自循着不同的路径围绕大地运行，当时这 7 个天体都被称作"行星"，而那些闪闪发光的恒星则被认为镶嵌在最外面的天穹上。这种观念曾统治了西方人上千年，直到哥白尼出版《天体运行论》，开普勒发现行星运动三定律，牛顿提出万有引力定律，深刻揭示了行星绕太阳运行的力学原理，人们才逐渐建立起了科学的太阳系概念。

太阳系究竟是何时起源的呢？

早期科学家们受《圣经》中洪水之类故事的影响很深，因而流行一些灾变说的观点，例如把行星的形成解释为是由太阳和另外一颗恒星或彗星偶然相遇时碰撞飞出的一系列碎片产生的。18 世纪的法国哲学家康德和天文学家拉普拉斯曾分别提出"星云假说"，认为太阳系是由一团巨大且快速旋转和收缩的物质星云形成的。

进入 20 世纪后，科学家们对于太阳系和星云物质有了更深的了解，认识到太阳系的起源与星系的形成是密切相关的。1944 年，德国天文学家韦扎克提出，星云物质中会发生湍流，出现一个个旋涡，当这些旋涡作湍动收缩时，就会产生出星系和恒星，在恒星旋涡的外缘又会出现更小的旋涡，最终形成行星。

后来，科学家们对韦扎克的学说加以改进，并结合最新的科学发现，逐渐形成有关太阳系起源的新理论，即在大约 50 亿年前，太阳系还是一团弥漫的缓慢转动的气体尘埃云，由于其他天体的引力扰动或邻近超新星爆发的冲击波，这块气体云开始坍缩，稠密的核心变为原始太阳，周围旋转的尘埃颗粒和气体原子形成一个薄盘，即原始太阳星云。

在原始太阳星云中有大量微米尺寸的宇宙尘埃颗粒，外面包裹有一层冰。由于其周围接近真空，而且温度最高不过零下173℃左右，在这种状态下冰会发生极化现象，这种冰的分子结构排列无序，形成如同绒毛一般的杂乱形式，使冰的弹性急剧下降，当它们互相碰撞时，电引力足以克服反弹的力，使它们互相粘结在一起，像"滚雪球"一样逐渐变大，形成原始状态的星子。大量星子受引力束缚，通过碰撞合并长大成为星胚，即岩石物质的初步集合。这些星胚继续吸积周围的物质，最后凝聚起来，互相合并而形成单独的原始行星及其卫星，一些没有被大行星俘获的星子和星胚成为今天的小行星，位于太阳系遥远边缘处的星子形成奥尔特云，另外一些偶然进入内太阳系，成为彗星。

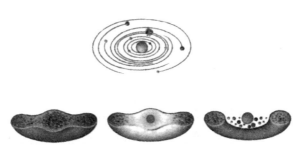

太阳系的起源和演化过程

地球的年龄

古代东西方都有许多关于天地起源的奇异神话流传，例如中国古代有盘古开天地的传说，而西方人则受《圣经》中创世故事的影响，直到18世纪仍相信地球的年龄只有6 000多年。

1785年，英国人赫顿提出，地球表面上发生的缓慢的自然过程如高山的形成、河道的侵蚀等，在整个地球史上都是以大致相同的速率进行的，这意味着这些地质过程必然进行了相当长的时间，因此地球的年龄至少是几百万年。

19世纪30年代，英国科学家赖尔在《地质学原理》中提出了有力的证据，证明地球年龄比《圣经》所说的要长得多。此后，不断有科学家试图通过研究地质变化，例如由沉积岩的厚度来计算地球的年龄。尽管不准确，科学家们推测地球的年龄至少有5亿年。另一个测定地球年龄的方法是估计海洋中盐分的聚集率，因为河流不断地将盐冲到海中，淡水通过蒸发而离开海洋，所以盐的浓度逐渐增加。假设海洋一开始全是淡水，那么河流要使海洋有3%的含盐量必须要有超过10亿年的时间。

19世纪末，科学家发现地球的铀元素和其他放射性物质会释放出大量的能量，并且已经进行了很长的时间。如果把放射性物质不断给地球提供热量考虑在内，地球从一团熔融的物质冷却到现在的温度，所需的时间会长达几十亿年。此后，地质学家通过放射性元素的衰变计算出岩石的年龄，由此推算出地球以现在的固态形式存在的时间约为46亿年。

根据科学家的最新研究结果，地球与太阳系几乎是同时诞生的。原始太阳星云物质通过凝聚合并而形成各大行星。在地球诞生后的头5亿年中，地壳内部大量放射性物质所释放出的能量的积聚和迸发非常活跃，导致强烈火

山爆发等运动，使地球温度升高到出现熔融，组成物质发生离析分异作用，重元素沉入地心，轻物质升浮到地表，逐渐形成地表外层、地幔和地核等层次。

在以后的 5 亿年里，地球外层部分逐渐开始冷却凝固，形成火山岩质的地壳，被禁锢在地球内部的碳、氮、氧、硫、磷、水等物质成分和气体不断从熔岩中升至地表，并在火山爆发时被释放出来，开始形成原始大气圈。与此同时，无数的彗星和小行星撞击给地球带来大量的水，在低凹处汇聚成原始海洋。地球表面物质在光照、地热以及水汽的联合作用下开始发生缓慢的化学演化，泥水经过沉淀，凝结成石灰岩那样的碳酸盐类岩石。许多矿物质和有机物陆续随水汇集海洋，使海洋成为地球生命最初的摇篮。

地球演化时间表序列示意图

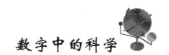

地球有水的历史

众所周知，生命离不开水，地球生命起源的一个重要条件是因为有水。但水是从什么时候来到地球上的呢？

天文学家发现，在太阳系诞生时构成地球的原始物质中就含有水。天文学家通过对太阳系中小行星和彗星的光谱分析，发现其中含有大量的水分，主要是以冰块及水合化合物的形式存在。这些小行星和彗星实际上是45亿年前形成太阳系各大行星时的残留物质，由于低温而基本保持着当初与构成早期地球的物质基本相同的原始状态。

不过在地球诞生之初，首先经历了一个高温的阶段。通过引力而凝聚的星子在相互碰撞中释放出大量能量，再加上地球内部大量放射性物质产生裂变和衰变、地球凝聚时由势能转化而来的动能，导致地球内部温度升高到熔融，使得内部的水分全部沸腾成气体，再加上太阳风的强烈作用和地球刚形成时引力较小，这些水分几乎全部逃逸到太空中。

后来，炽热的行星开始冷却，地壳凝结为固体。这时，来自天外的小行星和彗星形成流星雨，频繁光顾地球，带来大量的水和各种有机分子，形成地球最初的原始海洋，生命开始孕育了……目前古生物学家根据在格陵兰和希腊发现的含有属于生命有机体的古老碳遗迹岩石判断，至少38亿年前地球上就有生命活动的迹象。到37亿年前，生命有机体已经在地球上完全站稳了脚跟。

那么，这场给地球带来大量水和有机分子的流星雨究竟发生在什么时候？规模有多大？又是什么时候终止的？科学家们很想搞清这一点，因为这对于了解地球生命的起源问题很重要。

遗憾的是，当初那些陨星撞击留下的痕迹早已被后来几十亿年的地质变

迁抹掉了。一些科学家试图根据海水中的含盐量，间接测定原始海洋最初形成的时间，因为海洋中的盐分是亿万年来陆地和海底岩石中的矿物质溶解后不断地汇集于海水中逐渐积累的。但是这种估算方法并不可靠。

幸运的是，当年那段流星撞击记录却在月球上保存了下来。由于没有水和大气的侵蚀和风化作用，也没有内部热量导致的地质活动，使月球自形成起基本上仍然保持着最初的原始状态。

月球是距我们最近的天体，也是地球数十亿年演化过程始终陪伴在身边的"伴侣"，甚至可以说是我们地球的"影子"，当年那场撞击风暴不可避免地也落在了月球的表面，留下无数巨大的环形山（撞击陨石坑）和盆地（直径大于 300 km 的撞击坑），至今仍历历在目。

根据美国"阿波罗号"航天员从风暴洋、宁静海和澄海等地点收集到的撞击熔融岩样，研究人员进行了放射性同位素测年分析，估算出撞击发生的时间为 38.7 亿年前。

月球被剧烈的陨星撞击后留下了无数撞击陨石坑

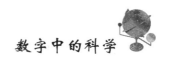

地球生命诞生的时间

地球形成后，经过了大约十几亿年的变化，为生命诞生创造了良好环境，奠定了坚实的基础。无论是来自遥远的太空还是源于地球本身，第一颗生命的种子开始生根、发芽、开花、结果，并开始了生命的世代繁衍和进化。从第一个生命体的诞生到人类的生生死死，这段世代相传、扑朔迷离、充满机遇与挑战的生命发展历程至今达 30 亿年的时间。

我们居住的行星——地球，大约形成于 46 亿年前。从某种程度上说，在一个无法确定的时间，一定是发生了什么情况，因为这颗毫无生机的天体开始接纳与岩石和水迥然不同的某些东西。氮和碳分子进化为 DNA 分子，一种微生物在宇宙星际间四处旅行。正是这种微小的分子出现数百万年之后，原始的单细胞体诞生了，后来又慢慢地出现了越来越复杂的水生生物，它们最终登上陆地，从此以后各种生物在地球上就大规模地繁衍并蔓延开来。

今天，地球上大约存在 200 万种不同种类的生物，包括植物、动物、微生物、人类等。但所有种类的生物都来源于同一种物质———一种到某种程度时能启动生命历程的物质。这是一种什么物质呢？一种有关地球生命的最新理论和最新研究成果是这样描述的：在太空中游弋的一些天体的碎片犹如宇宙中的一伙"强盗"，迟早要冲撞某个天体。但是与地球发生碰撞的一些彗星和小行星，也许因此而成为地球生命的创造者。很有可能是一颗彗星把大量的水带到地球，假若没有水，地球可能永远是一颗干燥的行星。

有科学家认为，无论是生命的诞生还是进化，彗星和小行星肯定发挥了至关重要的作用。最近在小行星中发现了有机分子，也就是构成生物的分子。这些最新发现使人不得不再次重新考虑阿恒尼斯于 1907 年提出的胚种假说，这种假说认为，正是彗星和小行星这样的天体在地球上播撒下了生命的种子。

这些天体有点像公共汽车，把有机物质，有时甚至是很复杂的物质，从太阳系的一颗行星运送到另一颗行星上，而且有人认为它们同时还带来了细菌。但是，巨大无比的陨星也造成了真正的自然灾难，真正是祸从天降。一方面，这些现象导致许多生物物种比如恐龙的灭绝，但恰恰也因此同时促进了生命形态的发展，例如恐龙的灭绝使哺乳动物繁衍得更快，然后是人类的兴盛。

有的生物，除了维持自身的存在之外，还能繁衍几乎和自己一样的后代。这种既保存自身又能复制自身的能力，构成生命和物质的本质区别，是生命得以延续的基础。然而，生命只不过是由像碳和氮这样普普通通的原子构成的，如此平常的元素却创造了千姿百态、五彩缤纷的大千世界。

太阳对地球的能量辐射引起地球上大气温度循环变化继而带来以水为载体的物质能量的循环运动，也就是我们所看到的春夏秋冬的气候循环变化，江河湖海的水蒸发形成云继而变为雨、雪、冰雹落回地面的水循环运动。我们称之为太阳能量辐射、地球气候变化和水循环运动，而地球生命就是在最初的水循环中诞生的。在1953年，美国科学家米勒等人在实验室里模拟了这个过程。

寒武纪海洋生物景观示意图

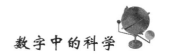

核细胞出现的时间

　　细胞是一切生命活动的基本结构和功能单位。一般认为，细胞是由膜包围的原生质团，通过质膜与周围环境进行物质和信息交流；是构成有机体的基本单位，具有自我复制的能力；是有机体生长发育的基础；是代谢与功能的基本单位，具有一套完整的代谢和调节体系；是遗传的基本单位，具有发育的全能性。

　　真核细胞指含有真核（被核膜包围的核）的细胞。其染色体数在一个以上，能进行有丝分裂，还能进行原生质流动和变形运动。光合作用和氧化磷酸化作用则分别由叶绿体和线粒体进行。除细菌和蓝藻植物的细胞以外，所

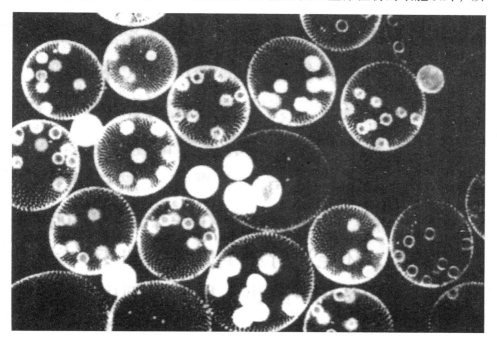

真彩细胞

有的动物细胞以及植物细胞都属于真核细胞。由真核细胞构成的生物称为真核生物。在真核细胞的核中，DNA 与组蛋白等蛋白质共同组成染色体结构，在核内可看到核仁。细胞质内膜系统很发达，存在着内质网、高尔基体、线粒体和溶酶体等细胞器，分别行使特定的功能。

现存的团藻可能反映出较早出现的多细胞生物的某些特征。团藻实际上是单个细胞经过多次分裂，后代仍聚在一团未曾分开而成的个体，但是在这团细胞中，已有一定的分工，有的细胞特化其运动功能，有的细胞特化其光合作用制造食物功能，有的细胞特化其有性生殖功能。大气中游离氧的出现和浓度不断增加，对于生物有极重要的意义。首先，生物的代谢方式开始发生根本性改变，从厌氧生活发展到有氧生活。代谢方式的改变大大促进了生物的进化发展。约在 15 亿年前出现了单细胞真核生物，以后逐渐形成多细胞生物，并开始出现了有性生殖方式。约在 6 亿年前，海洋中出现了大量的无脊椎动物，如三叶虫等。其次随着大气中氧气浓度不断提高，太阳紫外线将氧分子（O_2）分解成不稳定的原子氧（O_1），原子氧相互结合形成臭氧（O_3）。臭氧的产生及在大气层外围形成臭氧层，对宇宙射线和太阳光中的紫外线形成屏障和过滤，对保护生命体有十分重要的作用。最初时生物只能在水深 5～10 m 处生存发展。随着臭氧层的保护能力增加，生物发展到水体表面生活，并进而由水生开始向陆地生活发展。约在 4.2 亿年前，原始的陆地植物，如裸蕨开始出现。

生命进化的另一个重要步骤是由单细胞进化变成了多细胞生物。最早的多细胞生物化石已有近 7 亿年的年龄。

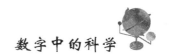

地球大气中氧含量从 1/10 增到 1/5 的时间

地球形成之初，大气中的物质成分是否与今天相同呢？

科学家认为并非如此，理由是大气中的氧非常活泼，很容易与其他物质结合成氧化物，除非能够不断产生新的氧气，否则大气中不可能长期有这么多的氧气存在。

20 世纪 50 年代，曾获得诺贝尔化学奖的美国科学家尤里根据其他行星所具有的大气成分，提出目前地球的大气是亿万年演化的结果。他认为在太阳星云物质中，氢、氦、碳、氮和氧占了绝大部分，特别是氢的数量很多。地球刚形成时，其中的碳很容易与氢化合成甲烷，氮与氢化合成氨，氧与氢化合成水，因此甲烷和氨是地球原始大气的主要成分。

原始地球大气主要由氨和甲烷组成

在地球诞生后不久，地球内部构造活动引起火山的频繁爆发，喷发出大量的气体。来自太阳的紫外线辐射到原始大气上层的水分子，把它们分解为氢气和氧气。氢气大部分逃逸到外太空，而氧气与甲烷作用形成二氧化碳和水，与氨作用形成氮气和水，氮气与地壳中的矿物质发生缓慢作用，形成硝酸盐，剩下的二氧化碳则成为大气的主要成分。

二氧化碳是一种温室气体，会大量吸收红外辐射，阻止水分子的进一步分解，并像毡毯一样阻隔地球表面散热，促使气温升高，全球变暖，海洋被逐渐蒸发，水蒸气大量吸收红外辐射，进一步助长了温室效应。幸而此时地球上的少量氧气开始积累起来，在高层大气中形成一层薄薄的臭氧层，阻碍紫外辐射进入低层大气，从而保护了在原始海洋中正在进化的最初生命形态。

生命所进行的化学反应能够破坏在海洋中氮的化合物，把地壳中的氮分子释放出来，因此大气中开始逐步积累了大量氮气。此外，生命还逐步进化出了借助可见光把水分解为氢和氧的能力，促进氢与二氧化碳化合，形成复杂的细胞分子，而氧在不断释放出来后进入地球大气。

此后，由于生命逐渐占领了地球上的每一个角落，使大气成分逐步从氮气和二氧化碳为主转变成以氮气和氧气为主，避免了严重的温室效应，令地球一直保持气温适中、相对稳定，并且形成一个较厚的保护性臭氧层。海洋通过溶解二氧化碳并促使碳酸岩形成，使得大气中的二氧化碳含量较低。

实际上，我们今天这样一个含氧的大气层只是最近一段时期才形成的。甚至在 6 亿年前，大气中的氧含量也只有 1/10。正是由于有了生命，才使得大气中逐渐含有丰富的氧气，而这些氧气反过来又使得生命有可能继续存在下去。

所以我们更应该珍惜地球上的一切，保护好地球大气。

寒武纪距今时间

古代，人类在开矿及经历地震、火山、洪水等灾害中逐渐认识到地质作用。欧洲文艺复兴后，人们对地球历史开始有了科学的认识。1508 年，达·芬奇首次论证了化石的生物成因。1669 年，丹麦科学家斯泰诺提出了地层层序律。1695 年，英国科学家伍德沃德提出洪水使生物灭亡的洪积说。1705 年，英国科学家胡克提出用化石来记述地球历史。

到 18 世纪，在英国工业革命、法国大革命和启蒙思想的推动和影响下，人们对地球的研究从思辨性猜测转变为以野外观察为主。1756 年，德国科学家莱曼将山脉划分为原生山、第二纪和第三纪山脉，由此开始了对地层的分类。法国一些地质学家和生物学家调查了巴黎盆地的大量化石和地层，他们以特殊的沉积岩和生物化石划分了反映地理环境的海滨相带和深海相带的界线，对巴黎盆地地层层序作了系统研究。后来，又有学者系统研究了维拉雷山脉的地层和化石，提出存在着由老到新的 5 个层序。1779 年，法国科学家布丰阐述了地球演化史，将地球历史划分为 7 个纪。

在经历了一场有关地层以及岩石成因的"水成论"和"火成论"的大辩论后，科学家们开始用"均变论"思想以及自然过程来解释地球过去的历史。19 世纪初，英国地质学家史密斯调查研究了威尔士到泰晤士河广大地区的地层和化石，首次从地层学角度绘制了大面积地质图和地层剖面图。他后来提出"化

通过地层和化石了解地球演化史

石层序律"，即在不同时代的地层中含有不同的化石，根据这些化石便可以推断产出这些化石的地层年代。

此后，地质学家们尝试以生物演化为基本依据，建立能反映地球相对年龄的地质年代表，确定了地质历史时期的大的时间单位和地层单位。1835年，英国科学家莫奇逊首次建立了"志留系"，名字取自于古代威尔士的一个民族。不久，另一位英国科学家塞奇威克建立了"寒武系"，名字取自于威尔士北部的寒武地区。1878年，美国科学家拉普沃思把志留系和寒武系之间的重复部分单独分出，另命名为"奥陶系"。以后，其他科学家又分别建立了"泥盆系"、"石炭系"和"二叠系"。

"系"代表地层单位，对应的时间单位是"纪"，于是就有了寒武纪、奥陶纪、志留纪、泥盆纪、石炭纪和二叠纪。后来，人们通过同位素测定法分别确定出这些不同时代地层的绝对年龄。1913年，英国科学家霍姆斯首次发表反映地球绝对年龄的同位素地质年代表，例如寒武纪始于5.64亿年前，结束于5亿年前。

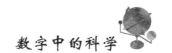

陆地生命出现的时间

在北大西洋一处曾为"热带天堂"的海滩上，考古学家发现了数千个神秘脚印，它们已经历了3.7亿年的漫长光阴。

尽管今天在北大西洋海滩上赤脚行走令人备感寒冷，但在3.7亿年前，这一地区曾位于赤道附近，是名副其实的"热带天堂"。

令科学家吃惊的是，长度从半英寸到手掌长不等的这些脚印都有5个脚趾。这一发现表明，动物在进化过程中能够适应陆地新生活的能力比我们先前所认为的要快得多。大约在3.7亿年前，为了躲避偶然的袭击，一些四肢动物从水中爬向岸边，但是这些动物的多数时间仍旧在水中度过。

3.7亿年前的泥盆纪，由于气候的改变，各种生命形式的进化发生了质的

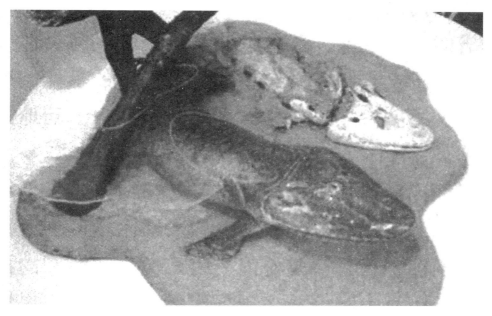

美国芝加哥大学演化生物学家尼尔·舒宾发现的具有3.75亿年的历史的有脚鱼化石

飞跃。地球开始变暖，到处都是长满杂草的沼泽，大型蕨类植物繁茂。此时，昆虫和两栖动物开始在陆地出现。一些鱼在鳍和靠近头部的位置进化出坚硬的头骨和强健的肌肉，并逐渐演化成早期的肢体。

最早的陆地动物的化石显示，鳍进化为脚的过程中，最多出现过8个脚趾。在另一方面，这些曾经踏过北大西洋海岸的动物的脚全部都是5个脚趾，脚的"主人"们是离开水生活的两栖爬行动物和爬虫动物。

随着时间的远逝，有些鱼鳍开始进化成为类似今天动物四足的样子。它们是所有陆生脊椎动物的祖先。有了四肢，我们人类的祖先终于能够离开海洋，走上陆地开始新的生活了。

最早的四足动物出现在大约3.7~3.5亿年前的晚泥盆世，这些仍然保留某些鱼类特征的水陆两栖动物对于探索四足动物的起源具有重要价值，为人类了解我们的祖先是怎样从原始沼泽中爬出并来到陆地上生活的过程提供了最丰富、最直接的信息。从1929年瑞典和丹麦地质学家在冰天雪地的格陵兰岛东海岸发现第一件鱼石螈化石，到2000年美国古生物学家在宾夕法尼亚州旅游胜地克林顿县发现厚颌螈，全球已发现了9种泥盆纪四足动物，都分布在北美洲、欧洲和澳大利亚的6个地区。亚洲地区目前最早的四足动物化石记录只能推到2.6亿年前中二叠世，与四足动物起源问题关系最直接的泥盆纪四足动物化石，在中国、亚洲一直是个空白。

根据目前所发现的泥盆纪四足动物证据，可以认为，四足动物大概在3.7亿年前（晚泥盆世弗拉期）在欧美古大陆上起源，然后在一个较短的时间内沿热带——亚热带海岸扩散到澳大利亚和中国，在3.6亿年前鱼石螈类全球广泛分布。过去的空白只是由于泥盆纪四足动物化石的稀少，相信通过更大范围的地质调查与野外发掘，在亚洲包括中亚地区和华南有希望发现更多的泥盆纪四足动物化石材料。

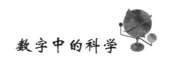

太阳围绕银河系运转一周的时间

　　仰望夜空，首先看到的就是那条横贯天际的银河。古代人不知道那是什么，把它想象为天上的河流，甚至民间有"牛郎织女鹊桥相会"的传说。

　　1609 年，伽利略首次将望远镜对准银河，不禁大吃一惊，原本朦胧一片的光带变成无数闪烁的星斗。原来它是由许许多多恒星聚在一起组成的！

　　天空这么大，为什么这些恒星宁愿辛苦地挤在一起呢？最早对此做出解释的是英国天文学家赫歇耳。他在 1785 年提出，天上的恒星大概排列成类似"盘子"的形状。当我们朝银河望去时看到的恒星数量众多，是因为我们正处在与"盘子"边缘成平行的方向。赫歇耳由此断言，许许多多的天体形成了一个扁平的系统，它的长轴就在银河方向，并将此恒星系称做银河系。

　　赫歇耳选择了银河系里一些有代表性的天区，数出其中恒星的数目以及亮星与暗星的比例，从而估算出银河系里总共大约有 1 亿颗恒星。他又从各个恒星的亮度级推断出银河系的直径是夜空中最明亮的天狼星距离的 850 倍，而厚度则是天狼星距离的 150 倍，首次描绘了一幅形状扁而平、太阳居于中心的银河系结构图。

　　后来，天文学家以恒星的表面温度为横坐标，它们的自身亮度为纵坐标，绘制了一张表明所有恒星自身亮度与其温度关系的图，取名为赫罗图。在此图上，大多数恒星落在从图中右下方到左上方的一条叫做主星序的区域内，主星序中心星称为主序星。沿主星序，恒星的表面越热，发射的光就越强。也就是说在主序星中，蓝色星比黄色星自身亮度大，黄色星比橙色星自身亮度大，而橙色星又比红色星自身亮度大。太阳就是主序星的一员。根据这种视亮度测定方法，能大致估算出恒星的距离。

　　1906 年，荷兰天文学家卡普丁对银河系进行过测量。根据他的估算，银河系的直径约为 2.3 万光年，厚度为 6 000 光年。后来，美国天文学家沙普利采用新方法来确定银河系疆域的大小。他认为，银河系形状像一块巨大的"凸透镜"，直径大约为 30 万光年。1926 年，荷兰天文学家奥尔特发现了银河系的自转和旋臂，计算出银河系中心引力的强度，从而估算出银心的质量比太阳质量大 1 000 亿倍以上。

　　现在，据天文学家们测算，银河系实际包含有约 1 000 多亿颗恒星，其中心距离我们 2.7 万光年，中心圆盘的厚度大约是 2 万光年左右，越向边缘处越薄，银河系的总直径只有 10 万光年。太阳系位于从中心到边缘三分之二的地方，围绕银河运转一周的时间约为 2.5 亿年。

英国天文学家赫歇耳

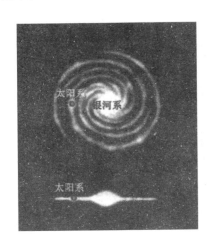

银河系

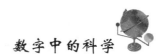

恐龙出现的时间

一提到恐龙，人们眼前就会浮现出一只巨大而凶猛的动物，其实恐龙中也有小巧温驯的小恐龙。恐龙统治了 3 个地质时代，总共 1.65 亿年。到了侏罗纪末期，非常庞大的蜥脚类成为了曾经在这个地球上存在过的最庞大生物。侏罗纪末期是它们统治地球的顶峰"黄金时期"，无论多样性、智力、体型上都远远凌驾于同时期的其他生物之上。这个地球历史上最传奇的物种究竟是如何出现，又是如何崛起的呢？

在恐龙出现以前，地球上已经出现蜥蜴类型的物种，它们的体型虽然比不上恐龙，不过与当时的其他动物相比，仍占有一定的优势。古生物学家相信它们就是后来出现的恐龙雏形。蜥蜴在三叠纪之前的几个地质时代——石

发现于重庆合川的马门溪龙

炭纪已经出现。在那时出现了世界最早的爬行动物：西洛锡安蜥。到了恐龙出现之前的一个地质时代——二叠纪时，爬行动物的种类渐趋多样化，而且形状也开始接近最早的恐龙。二叠纪是一个比较干旱的时代，沙漠十分常见。在同一个时代，像基龙和异齿帆背龙一类群体生活的蜥蜴活跃在沙漠的绿洲。在二叠纪晚期，生物的演化出现了两个不同的趋势，而两个趋势都对地球的历史有深远的影响。其中一种趋势诞生了恐龙，另一种趋势诞生了哺乳类动物。

恐龙出现于2.5亿年前，并繁荣于6 500万年前结束之中生代。在二叠纪时期，真正的恐龙要正式登场了。恐龙属脊椎动物爬虫类，中颈及尾皆长，后肢比前肢长且有尾。其中有些恐龙好食肉，有些恐龙好食草，体型巨大，可以说是陆生动物中的最大者。

恐龙在某一时期突然消失，成为地球生物进化史上的一个谜，这个迷至今仍无人能解。地球过去的生物，均被记录在化石之中。中生代的地层中，即曾发现许多恐龙的化石；其中可以见到大量的呈现为各式各样形状的骨骼。但是，在紧接着的新生代地层中，却完全看不到恐龙的化石，由此推知恐龙在中生代灭绝了。关于恐龙绝种的真正原因，自古以来即众说纷纭。恐龙与我们人类相比实在是太大了，它们为什么会长那么大呢？恐龙的种类如此繁多，样子千奇百怪，恐龙家族到底有多少成员？曾经浩浩荡荡、生气勃勃地生活在地球上的恐龙为什么突然从地球上消失了？这些谜团永远吸引着我们去探索、去求知。

科学家们经过不懈的努力，研究了到目前为止可能发现的所有线索，提出了各种理论解释恐龙绝灭现象。但是到目前为止，关于这个大绝灭的原因仍然还没有找到最终的答案。

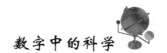

哺乳动物出现的时间

哺乳动物是高级的脊椎动物,其主要特征是胎生和哺乳,以及相当发达的脑神经细胞。胎生使子代可以在母体中停留更长的生长期,这对哺乳动物的子代从母体获取更多的生存信息是非常重要的。哺乳使子代可以从亲体(包括母亲、父亲以及群体其他成员)得到更长时间的学习期,这对哺乳动物的子代提高智力水平是极其重要的。哺乳动物的脑神经细胞,具有相当强大的信息处理功能,这标志着它们拥有发达的神经元智力系统。大约在 1.8 亿年前,地球上出现了最早的哺乳动物,犀牛、马和大象的祖先先后出现。在新第三纪中新世和上新世两个时期,哺乳动物开始现代化,最明显的表现是奇蹄类开始衰退,偶蹄类进一步繁荣起来。

1.25 亿年前的哺乳动物 Yanoconodon 的复原图

哺乳类起源于古代爬行类。大约距今1.8亿年，在中生代三叠纪的末期，从一些比较进步的兽形爬行动物分化出最早的哺乳动物，其起源时间此鸟类还要早（最早的鸟类化石出现在侏罗纪）。早期的哺乳动物个体都很小，数量也少，和当时在地球上占统治地位的恐龙类相比是渺小的。但是这些原始的哺乳动物，在体形结构上具备比爬行动物高级的特点，当进入新生代的时候，大多数爬行动物灭绝了，而这些代表着新生力量的哺乳动物得到了空前的发展。在生物史上，新生代被称为"哺乳动物时代"。

哺乳动物虽然起源于爬行动物，但与现代爬行动物相比有着很大的区别。早期哺乳类（似爬行类的哺乳类）和朝着哺乳动物方向发展时的早期爬行类（兽形爬行类）之间不容易分清，这种"中间环节"可以反映出由爬行类进化到哺乳类的中间过渡。兽形爬行类（或称似哺乳类的爬行类）分为两支：一支称盘龙类，是一类原始类型，化石大多产在北美，出现于石炭纪末期，至二叠纪绝灭；另一类称兽孔类，是从盘龙类进化来的，代表进步的类型。它们的化石分布于各大陆。兽孔类后裔中的一支更具有进化上的意义，即兽齿类，它们朝着直接导致哺乳类的方向发展。

我国云南碌丰地区晚三叠纪地层中发现的闻名世界的卞氏兽，在构造特征上更加接近哺乳类，甚至最初曾一度被列入兽类，只是由于它的下颌骨不像哺乳类那样由单一的齿骨组成，还有退化的关节骨和上隅骨等残余成分，后来还是被公认应归入爬行动物，可以说是最接近哺乳类的爬行动物。目前比较一致地认为哺乳动物是多系起源的，从似哺乳类的爬行类中某些更早期的、少特化的种类中产生出哺乳动物来。

哺乳动物的进化包括三个适应辐射阶段：第一个阶段是中生代侏罗纪，这个时期的原始哺乳类分为多结节齿类和三结节齿类两大类；第二个阶段是中生代白垩纪，在这个时期有袋类和有胎盘类出现了，多结节齿类仍生存着；第三个阶段是新生代，在这个时期有袋类和有胎盘类得到了空前大发展，而多结节齿类则开始绝灭。

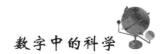

元谋猿人出现的时间

元谋人化石，中国西南地区旧石器时代早期的人类化石，是中国的直立人化石。1965 年 5 月，中国地质科学院在云南省元谋县上那蚌村附近发现了元谋人化石。这里地处元谋盆地边缘，盆地内出露一套厚达 695 m 的河湖相沉积，从下到上分为 4 段 28 层。元谋人牙发现于第 4 段第 22 层中。此后，又在同一地点的同一层位中，发掘出少量石制品、大量的炭屑和哺乳动物化石。元谋人的地质时代属早更新世，据古地磁断代，年代为距今 170 万年。元谋人化石包括两枚上内侧门齿，一左一右，属于同一成年人个体。其形态特征与北京人的门齿相似，但也有一些差别。齿冠保存完整，齿根末梢残缺，表面有碎小裂纹，裂纹中填有褐色黏土。这两枚牙齿很粗壮，唇面比较平坦，舌面的模式非常复杂，具有明显的原始性质。

1973 年冬发掘元谋人地点时，还发现 3 件人工打制的刮削器，原料是石英岩。先后出土的石制品共 7 件，人工痕迹清楚。原料为脉石英，器型不大，有石核和刮削器。它们和人牙虽不居于同一水平面上，但层位大致相同，距离又不远，应是元谋人制作和使用的。发现的炭屑多掺杂在黏土和粉砂质黏土中，少量在砾石凸镜体里。炭屑大致分为 3 层，每层间距 30 ~ 50 mm。炭屑常常和哺乳动物化石伴生。最大的炭屑直径可达 15 mm，小的为 1 mm 左右。在 4 mm × 3 mm 的平面上，1 mm 以上的炭屑达 16 粒之多。此外还发现两块黑色的骨头，经鉴定可能是被烧过的。研究者认为，这些是当时人类用火的痕迹。这一发现，和在距今约 180 万年前的西侯度文化中发现的烧骨，如确系人工用火证据，会把人类用火的历史大大提前。

与元谋人共生的哺乳动物化石，有泥河湾剑齿虎、桑氏缟鬣狗、云南马、爪蹄兽、中国犀、山西轴鹿等 29 种，绝种动物几乎占 100%，其中上新世和早更新世的占 38.8%，这表明元谋人的生存时代不会晚于早更新世。有人根据动物化石及植物孢粉分析，认为当时的自然环境呈森林草原景观，气候比现在凉爽。关于元谋人的"绝对"年代问题，据中国地质科学院地质力学研究所用古地磁方法测定，为距今 170 ± 10 万年；中国科学院地质研究所根据古地磁分析和对比，认为是 164 万年。但也有人认为不应超过 73 万年，即可能为距今 60 ~ 50 万年或更晚一些。

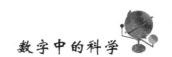

人类祖先"科学亚当"诞辰距今的时间

世界上占总人口 1/3 的三大主要宗教——基督教、伊斯兰教和犹太教都认为，我们有一个共同的祖先——亚当。然而，要全世界 60 亿人口相信我们拥有同一位祖先，这恐怕是一件匪夷所思的事。

如今，美国国家地理学会的遗传学家斯班瑟·威尔斯利用 DNA 技术经过多方寻找，找到了一位可能的人类祖先——科学亚当。这位人类的祖先大约出生在 6 万年前的非洲。威尔斯推测，他的基因已经遍布地球上每个人体内，从北极的因纽特人，到亚马逊流域的印第安人；从沙漠的游牧民族，到华尔街的商人……

现在，人们可以通过 DNA 检测，证明某男子是不是一个孩子的生身父亲。但能否将今天的数十亿人归结到一个共同的祖先？

科学家相信答案是肯定的。Y 染色体能说明地球上所有人类的来源。然而，要找到共同的祖先，关键是要找到"超级祖先"，即在众多人身上留下他们基因印记的人。他们就像一个个分支点，无数的枝杈，最终将归结到一个人身上。遗传学家可以沿这棵树逐步向下追查，直到找到最终的根部——科学亚当。

为了更清晰地描绘我们的家族树，威尔斯和国家地理学会以及 IBM 公司合作，共同开始实施一项名为"基因图"的计划。这是一项规模浩大的工程，需要花费几年时间。计划完成后，威尔斯将可以查清所有人的来源。为了搜集 DNA 样本，威尔斯和他的同事走遍了全球各地，从澳大利亚土著居民，一直寻访到南美的原始部落。

DNA 分析表明，帕泰岛上的人来自世界各地。他们的祖先分别来自非洲、欧洲、阿拉伯、印度，以及富饶的中东。小小的帕泰岛上基因变化的丰富程度，甚至超过了很多国家。这些样本还说明一个关键的情况，他们全都指向一个新的超级祖先。

　　Y 染色体变异表明，科学亚当出生于大约 6 万年前。这是人类历史上的一个特殊时期，一个危急时刻。科学家们认为，当时人类正处于灭亡的边缘，整个人口下降到只有大约几千人。但就是从危难当中，人类开始了惊人的发展。艺术开始出现，工具变得更加先进。

　　这种新的能力和创造性，使我们人类最终占领了地球。人类自身发生了重大的变化，引发这种变化的原因仍是一个谜，但它似乎就发生在亚当出现以后。

　　一个人如何能改变整个种族？威尔斯提出了一个极端而富有争议的观点。他认为，科学亚当或许是第一个像我们一样，具备思考能力的人，是第一个真正的现代人。

科学家复原的科学亚当是一个非洲智人

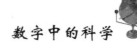

那么科学亚当是如何成为我们所有人的共同祖先的？大约 6 万年前，科学亚当出生了。他聪明好学，很快就成为了部落首领。他的语言能力，使他卓尔不群。他可能发明了新的、更致命的武器，也可能设计了新的狩猎策略。在对家族、对部落的贡献上，他远胜于其他人，这使他非常受女士们的青睐。他的孩子比其他人都多。他的儿子们不仅继承了他的智慧，也继承了他的 Y 染色体。和成吉思汗及其子孙一样，亚当的 Y 染色体开始四处传播，科学亚当的智慧使他的子孙具备了离开非洲、分散到世界各地的能力。

当然，这项研究结论还有待更多的检验。

地球磁场两极翻转过程所需的时间

2003 年，好莱坞推出了一部科幻大片《地核》，向人们描绘了地球磁场消失时的情景：带有心脏起搏器的人倒地而亡，鸽子乱飞，撞上行人和窗户，整个地球被太阳辐射强烈"烧烤"。很多观众被影片中大量惊险刺激场面所震撼，但对其中提到的"地球磁场消失"感到不解，因为长期以来人们一直习惯认为地球的南北两极是天然存在和永世不变的，数千年来航行在大海的水手们就是依靠地磁场来指引方向，而许多迁徙动物更是从远古时代便开始依赖先天的本能，在磁场的指引下外出活动和寻找家的方向。

地球磁场真的会消失吗？这是不是杞人忧天呢？

近年来科学家们发现，与 19 世纪相比，如今的地磁场强度已经减弱了近 10% 左右，这比在失去能量来源的情况下磁场自然消退的速度大约快了 20 倍！而且这种势头目前还在继续。根据德国波茨坦地球物理所科学家的研究，地球自诞生以来，其磁场强度一直在发生变化，近 300 年来，磁场强度一直在减弱，而且这种减弱趋势似乎还在加速，近 50 年来速度越来越快。如果这种情况继续下去的话，到公元 4000 年前后，地球磁场的总强度将降到零。这以后会怎样呢？它是不是要继续下降，也就是说，南北磁极是不是会倒转过来，磁北极位于南极圈，而磁南极位于北极圈呢？

科学家们根据在世界各地的矿物岩石中找到的大量证据，发现地球磁场在过去 400 万年内已经倒转过 9 次，而在过去 1.5 亿年

计算机模拟演示的地球磁场翻转过程

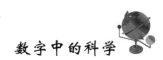

数字中的科学

和更久远的时期，地磁场曾在南北方向上反复发生过几百次翻转现象。从地质记录来看，地球磁场平均大约每25万年翻转一次，但是这种规律并不明显，如在白垩纪的3 500万年间就没有发生过磁场翻转，上一次地球磁场翻转是在78万年前。每次地球磁场两极翻转过程所需的时间大约为7 000年，但随纬度不同存在一定差异，在接近赤道的区域只需要2 000年，而在接近南北极的区域需要1.1万年。

为什么地球磁场两极会发生翻转呢？科学家通过模拟一个与地球磁场非常相似的理论磁场来进行分析。模拟结果表明，地球不停地自转和公转，带动地球中心的外核围绕内核运动，从而产生了磁场。通常这个磁场的磁北极和磁南极与地球的北极和南极相对应。但受地球自转的角度及速度的影响，内地核比外地核及地幔的旋转速度更快，使外核中以铁、镍为主的液态物质产生对流，同时产生微弱电流，电流和机械转动的流体之间的相互作用便产生了一个磁场。由于外地核的流体运动实际上是与地球原有磁场相互交织并切割磁力线，从而产生了一个新的磁场，以替代耗散的部分原有磁场，使原有的磁场偏离极地越来越远，最后发生南北极互换的现象。

碳 14 的半衰期

5 000 多年，是我们比较熟悉的一个数字范围，因为人类社会的历史也不过是"上下五千年"。碳 14 这种放射性元素的半衰期和人类的历史如此相近，正好成为考古学家非常有用的工具。

20 世纪初，科学家们首次发现放射性同位素衰变现象，并利用此特性来测定地球各种矿物和岩石的年龄。1940 年，美国芝加哥大学化学家利比通过实验分析后发现，埋在地下的古代生物随着时间的推移，其中遗体内有机化合物的氢和氧会变成水分而丢失，只有碳元素能够永存下去。自然界中碳有 3 种同位素，即稳定的碳 12、碳 13 和放射性同位素碳 14。

由于高能宇宙射线从太空不断轰击大气层，会使大气中部分氮原子变成放射性同位素碳 14。大气中的碳 14 和其他碳原子一样，能跟氧原子结合成二氧化碳。当植物活着的时候，由于不断进行光合作用，包括碳 14 在内的二氧化碳不断地进入植物体内；植物被动物吃掉，碳 14 又进入动物体内。这些动植物体内的碳 14 也会衰变，但总有新的碳 14 来补充，因此不论这些活着的动植物属何种品种以及它们生长在何处，其细胞组织中每 1 g 碳内所包含的碳 14 数目都是相同的，大约为 750 亿个，终身保持不变。

然而，一旦这些生物死亡并埋藏后，来自大气的碳 14 不再进入动植物体内。而原先它们体内的放射性碳 14 仍在继续不断地进行 β 衰变，最后转变为氮原子，因此生物死亡后体内碳 14

科学家利用碳 14 测年法鉴定出古人"奥茨"生活在 5 300 多年前的石器时代

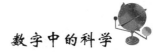

的含量就会一天天地减少。

此外，一些古代的物品，如织物、砖瓦、陶瓷器等表面或气孔会吸附微量碳粉，它们长期埋在地下，其中的碳14含量也会由于衰变而减少。

碳14的半衰期为5 730年，即经过5 730年以后，碳14的量只剩下一半；再过5 730年，碳14又减少一半。科学家只需测量出古代生物遗体或古物内碳14经过衰变后的残余量，或者测定出碳14的放射强度（即碳14的衰变速度），即可相当准确地估计出其死亡年代，这种方法称为"放射性碳14年代测定法"。利比因此荣获1960年诺贝尔化学奖。

最早使用的碳14分析方法是液体闪烁计数法，但由于使用样品较多、测量时间较长，后来逐渐被气体正比计数法替代。气体正比计数法只需1 g样品，测定时间需10余小时。20世纪70年代，科学家们又发明了高能加速质谱仪法，仅需0.2 mg样品，十几分钟即可获得结果，精确度比先前提高数千倍。

1 g 质量所具有的能量
可供一盏千瓦电灯点燃的时长

看了这个标题，你一定惊诧不已，微不足道的1 g物质，为什么会有如此大的能量，能让一盏1 000 W的电灯点亮近3 000年？这得从爱因斯坦的相对论里寻找答案。

在爱因斯坦以前，人们对物理世界的看法与今天完全不同。那时，人们以为真空充满了"以太"，所以光才能在其中传播。宇宙本身是静止的，因此称为"绝对空间"；要确定地球、太阳、恒星在其中的运动，必须确定它们相对于"以太"的"绝对运动"。

1905 年，爱因斯坦发表了狭义相对论，提出了两条基本原理作为讨论运动物体光学现象的基础。第一条叫做相对性原理，第二条叫光速不变原理。他摒弃了牛顿经典力学中的速度合成法所依赖的两个假设，即两个事件发生的时间间隔与测量时间所用的钟的运动状态没有关系，以及两点的空间距离与测量距离所用的尺的运动状态无关，首次把时间与空间联系起来，认为物理的现实世界是各个事件组成的，每个事件由时间坐标和空间坐标构成一个四维的连续空间。

以往人们一直认为质量和能量是截然不同的，它们是分别守恒的量。爱因斯坦发现，在相对论中质量与能量密不可分，他提出了一个著名的质能转换公式：$E = mc^2$，其中c为光速，质量可以看作是物质能量的量度。也就是说，1 g 质量可以转化为 9×10^{20}

青年爱因斯坦

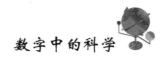

erg 能量，足够一盏1 000 瓦的电灯点燃2 850年。

1915 年，爱因斯坦发表了广义相对论，其中涉及加速运动和万有引力问题。他提出了一种全新的观点，即将引力看作是空间的一个属性，而不是物体间的作用力；由于物质的影响，空间变得弯曲，而物体可以沿着阻力最小的曲线移动。广义相对论能够解释牛顿力学所无法解释的一些运动现象，例如行星间变化着的引力所造成的摄动。天文学家将爱因斯坦的理论运用于水星和金星后发现，计算结果准确地符合行星轨道近日点的移动。

爱因斯坦的理论预言了两种新的现象，其一是强大的引力会导致恒星光谱向红端移动；第二是引力会使光线偏折。这两个预言后来都得到了证实。特别是 1974 年 9 月，美国麻省理工学院天文学家泰勒等人发现，一个以每秒200 转左右的速度自转的中子星和它的伴星在引力作用下相互绕行，公转周期只有 0.323 天，它们因引力波的作用而逐渐损失能量，相互旋转一周所花的时间每 10 年就要减少 4 s，或者每年相互靠近约 1 cm，观测结果与广义相对论的预言完全符合。泰勒因此而获得 1993 年度诺贝尔物理学奖。

哈雷彗星轨道周期

彗星是一种形状奇异的天体，像一把大扫帚，缓缓地掠过黑暗的夜空。

它的轨道与行星不同，是极扁的椭圆，有些甚至是抛物线或双曲线轨道。轨道为椭圆的彗星能定期回到太阳身边，称为周期彗星；轨道为抛物线或双曲线的彗星，终生只能接近太阳一次，而一旦离去，就会永不复返，称为非周期彗星。天文学家通过多次观测的资料，可以推算出彗星绕太阳公转的轨道。

哈雷彗星是人类最早发现的一颗周期彗星。早在公元前613年，中国古代史书中就曾记载这颗彗星的出没。1682年，英国天文学家哈雷在观测和计算这颗彗星的位置时，发现它与1607年和1531年出现的彗星有相似的轨道。他判断这三次出现的其实是同一颗彗星，并推算出它的轨道周期为76年，预言它将在1758年底再次出现。这颗彗星果然如时被观测到了。此后，人们称这颗彗星为"哈雷彗星"。

哈雷彗星的最近一次回归是在1986年3月，前苏联、美国、欧洲和日本先后发射了专门的飞船或利用卫星进行了有史以来规模最大的彗星探测活动。

前苏联先后发射了"维加"1号和2号彗星探测飞船，飞到距哈雷彗星8 000多千米处，首次拍摄到哈雷彗星彗核的清晰照片，发现彗核是由冰雪和尘埃粒子构成的，形状如同带壳的花生；此外，还首次发现哈雷彗星彗核中有二氧化碳，并找到了简单的有机分子，测得彗核表面温度大约是50℃。

欧洲航天局"乔托号"飞船飞到与哈雷彗星相距500 km的地方，拍摄到哈雷彗星彗核的近距离彩色照片，显示哈雷彗星有一个明亮的白色内核，长约15 km，宽约8 km，外形凹凸不平，犹如一个被扭曲的"烧焦的马铃薯"，表面覆盖着一层黑色不均匀的尘埃，反照率很低，暗黑如煤。彗核的密度很低，大约 0.1 g/cm³，说明它蓬松多孔。彗核周围被尘埃和离子层所环绕，有两条正在喷射气体和尘埃的喷气流。

日本"先驱号"探测飞船从距哈雷彗星 700 km 的地方掠过，发现彗核周围发出很强的射电波，这种射电波是太阳风和彗发的离子碰撞所形成的冲击波。另一艘日本"彗星号"飞船从距哈雷彗星 1.2 亿 km 外拍摄到彗星的氢冕照片，观测到彗发周围直径达 1 000 万 km 以上的氢冕，彗发中的氢原子因散射太阳光中的紫外线而发亮；同时，还探测到彗发的气体由于紫外线的照射而变化，并沿太阳风运动的磁力线流去，形成离子彗尾。

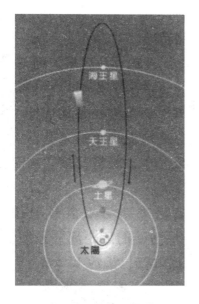

哈雷彗星的绕日轨道

哈雷彗星

全球石油尚可供开采的时间

公元 2050 年后，人类将没有石油可用，这是杞人忧天还是警钟长鸣？

人类的生产与生活离不开能源。早在史前时代，人们就用火来烧煮食物和取暖。此后直到 18 世纪初，人类利用的能源主要是燃烧木柴和秸秆。蒸汽机的出现推动了工业革命，促进了煤炭的大规模开采；到 20 世纪 20 年代，煤炭在世界能源消费结构中占 60% 以上。19 世纪 70 年代，内燃机逐步取代了蒸汽机，促进了石油开采量的提高。1870 年，全世界只生产了大约 80 万吨石油，而到 1900 年已猛增到 2 000 万吨。电力工业迅速发展，使煤炭在世界

近海石油开采

能源消费结构中的比重逐渐下降。1965 年，石油首次取代煤炭占居首位，世界进入了石油时代。如今，石油在世界能源消费结构中的比重越来越高，约占 38% 以上，天然气和煤炭各占 18% 左右。

煤炭、石油和天然气都是远古森林植物的遗骸被掩压在地下深层中，受到高压和高温作用，并经过漫长的地质年代而形成的，故称为化石燃料。它们的储量并非是无限的，一旦被燃烧耗用后不可能在短时间内再生，用一点便少一点，因此又被称为不可再生能源。大量使用化石燃料还导致了生态环境日趋恶化、运力紧张、地区冲突，以及全球变暖等严重问题。

从地球的资源储量来看，现在全世界煤炭已探明资源总量约为 10 万亿吨，石油为 1 800 亿吨，天然气为 181 万亿 m^3。以目前的开采速度计算，全球石油储量仅可供开采 40 年，天然气和煤炭则分别可供开采 65 年和 162 年，由此造成了能源价格飞速上涨。

中国属于人均化石燃料资源储量较少的国家，不到世界平均水平的一半，石油仅为 1/10。截至 2006 年年底，全国石油剩余经济可采储量仅为 20.43 亿吨，天然气为 2.449 万亿 m^3，煤炭约为 1 万亿吨。随着我国经济的快速发展和人民生活水平的不断提高，我国年人均能源消费量将逐年增加，正日益面临化石燃料匮乏乃至枯竭的境地。

然而从地球蕴藏的能源总量来看，自然界存在无限的能源。仅就太阳能而言，每年太阳辐射带给地球的能量就相当于 130 万亿吨煤燃烧放出的热量，大约为全世界目前年消耗能量的 1 万多倍，按目前太阳的质量消耗速率计，可维持 600 亿年；此外，还有数量巨大的风能、水能、海洋能、生物质能等，这些能源均来自太阳，可以重复产生，因而又被称为可再生能源。另外，核能、可燃冰、地热能等也都是很有开发潜力的能源类型。

我国新能源与可再生能源资源丰富，其中水力的可开发装机容量为 3.78 亿 kW，居世界首位；可开发利用的陆地风能资源约 2.53 亿 kW，近海可开发利用的风能储量有 7.5 亿 kW，共计约 10 亿 kW；地热资源的探明储量相当于 31.6 亿吨煤；太阳能、生物质能、海洋能等储量也都属于世界领先地位。中国已制定出未来 30～50 年的能源战略规划，鼓励发展新能源和可再生能源。

"卡西尼号"飞船飞往土星所花的时间

土星是太阳系中的第二大行星，外面环绕着土星环，似乎戴着一顶"大草帽"。

1675年，一位名叫卡西尼的法国天文学家通过望远镜发现，土星环中间有一道缝隙，并猜测土星环是由无数微小颗粒组成的。329年后，一艘以他的名字命名的人类有史以来建造的最大的宇宙探测飞船正翱翔在这颗有着绚丽光环的行星周围，成为人类探索太空的重要使者。

"卡西尼号"飞船探访土星及其卫星

　　"卡西尼号"飞船是世界上最大、最先进、仪器设备最齐全的宇宙探测飞船，全长6.7 m，直径4 m，自重2.15 t，加装燃料后总重达5.7 t。由于它的质量太大，即使采用了迄今推力最大的运载火箭，也无法使这一庞然大物加速至可以直飞土星的速度，因此只能通过多次借力飞行，利用金星、地球和木星的引力加速来完成这次漫长而曲折的长征。

　　由于土星距地球非常遥远，探测任务又极为复杂，所以"卡西尼号"飞船携带有12套科学探测仪器，可以为27个不同的调查项目收集信息。飞船上最重要的仪器是由欧洲航天局负责研制的"惠更斯号"着陆探测器，用于对土卫六的大气层和表面进行实地勘测。

　　1997年10月15日，"卡西尼号"从美国卡纳维拉尔角航天中心发射升空，从此踏上长达32亿km的土星之旅。2004年7月1日，历时7年不间断的航行，飞船以7.8万km/h的速度飞临土星，从土星环之间的空隙中穿过。飞船引擎在电脑控制下自动调整至朝向其飞行方向，点火并持续96 min，使飞船速度减至2 240 km/h，随后飞船被土星的巨大引力抓住，进入一条环绕土星的椭圆形扁长轨道，最近点距离土星大气层只有不到2万km。此后，"卡西尼号"开始环绕土星飞行，由于飞行轨道的最近点和最远点分别位于土星环和土卫八之间，与靠近土星的10余颗卫星，如土卫一、土卫六、土卫九等近乎圆形的轨道相交，因此可以多次与这些卫星近距离相遇。

　　2004年10月27日，"卡西尼号"首次在1 200 km的距离掠过土星最大的卫星土卫六，透过土卫六浓密的大气层，拍摄到土卫六表面彩云缭绕、海洋陆地若隐若现的近照，并利用雷达成像仪来绘制土卫六的表面图像。12月25日，"惠更斯号"探测器与"卡西尼号"飞船分离，进入环绕土卫六的轨道，开始探访土卫六深处奥秘的旅程。在以后的4年中，"卡西尼号"飞船还将继续绕土星飞行76圈，途中将52次接近土星的7颗卫星，其中45次飞经土卫六上空，离该卫星最近距离仅有900 km左右，利用所携带的科学仪器探测土星、土星环及卫星，为它们拍照绘图，利用光谱分析它们的化学组成，研究它们的大气和磁场，了解它们的构造和来源。

理论上太阳帆飞船到达冥王星所花的时间

依靠风帆作为航船推进的动力，这种方式自古有之，但你听说过利用帆来驱动的宇宙飞船吗？

早在 400 多年前，德国天文学家开普勒就曾提出这个设想，希望制造一种仅依靠太阳光作为动力就可遨游太空的"宇宙帆船"。19 世纪法国科幻作家凡尔纳在《从地球到月球》一书中也曾提出"太阳帆飞船"。

但直到 20 世纪，科学家们认识到太阳光是由具有一定动量的光子组成

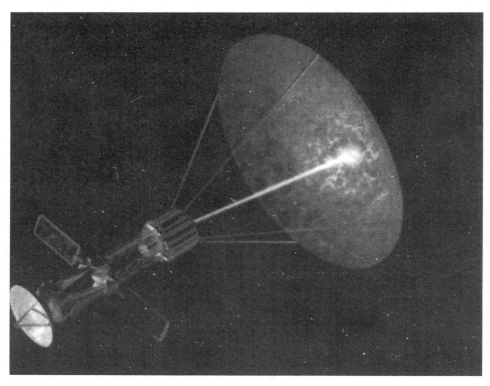

未来的太空帆飞船以激光为动力，飞向遥远的其他恒星

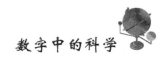

的，速度达 30 万 km/s，当这些光子撞击到物体时便能产生反作用力。尽管这种力量极其微小，每平方米的推力甚至还不如一只蚂蚁的力量大，但只要"帆"的面积足够大，飞船就可像帆船借助风力推进一样，借助太阳光的推力前进。

从 20 世纪 60 年代开始，美国、俄罗斯以及欧洲和日本的航天科学家开始研究如何利用太阳光粒子使其成为宇宙飞船的动力。传统的运载火箭依靠其携带的化学燃料通过燃烧时所产生的冲力来推动航天器飞行，但火箭发动机仅燃烧几分钟，以后航天器完全靠惯性飞行或借助行星的引力加速，而太阳帆飞船尽管开始时速度很慢，但太阳光对帆的推动会一直持续下去，最终使飞船达到非常高的速度。通过改变帆相对于阳光的角度，可以控制太阳帆飞船的航行速度，或令其改变飞行方向。

为了最大限度地从阳光中获得加速度，太阳帆必须造得很大很轻，而且表面要光滑如镜，以便将阳光尽可能全部反射出去，增大飞船的推力。根据理论计算，如果帆的面积为 60 万 m^2，可获得的速度增量是 1 mm/s，1 天后太阳帆的速度就可达到 310 km/h，12 天后达到 3 700 km/h，100 天后达到 1.6 万 km/h，1 年后便可加速到 5.8 万 km/h。按照这样的速度，飞船不出 5 年就能到达冥王星。而美国目前航行速度最快的"新地平线号"飞船，需要 9 年多时间才能到达那里。1977 年发射的"旅行者号"飞船花了 27 年时间才飞到太阳系的边缘处，而太阳帆飞船不出 10 年便会赶上它。

实际上在太阳系中航行，离太阳越远，光线就越弱。一旦飞船飞出木星轨道以外，阳光便无法再为飞船提供加速的动力。一些科学家提议，飞船上可自备激光装置，用激光推动太空帆前进。利用这种方法，太空帆飞船到达距离地球最近的恒星半人马座（距离地球 4.3 光年）只需数十年，而普通飞船需要花 8 万年才能到达那里。

欧洲月球探测器"智慧1号" 飞往月球所花的时间

2003年9月28日，欧洲航天局发射了一艘有史以来飞行速度最慢的月球探测飞船，名为"智慧1号"。经过漫长的约13个月的飞行，直到2004年11月15日才终于到达预定环月球轨道。

对于距地球只有38万km的月球来说，这一飞行速度实在是太慢了。当年美国"阿波罗号"载人飞船只用了102个小时就走完了这段路程。即使是远在6 000万km之外的火星，飞船也只需要8个多月就可以到达目的地。跟它们比起来，"智慧1号"的飞行速度甚至还不如普通汽车的行驶速度。

原因就在于此次"智慧1号"采用了与以往宇宙航天器完全不同的推进系统，即一种全新设计的太阳能氙离子电推进器。目前大多数太空探测飞船都使用化学燃料火箭，即火箭发动机把推进剂的化学能转变为热能，经过喷管的气动热力加速，再转化为喷射燃气流的动能产生推力。化学燃料的优点是可按需要及时提供推力和加速度，缺点是推进剂耗量大，要带足够的燃料，能量效率不高。

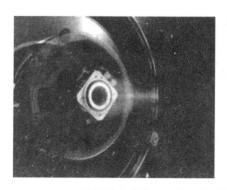 

采用的太阳能氙离子电推进器欧洲航天局"智慧1号"探月飞船

　　而"智慧1号"采用的太阳能氙离子电推进器仅重72 kg，飞船携带有一对高效砷化镓太阳能光电池板，当到达太空的时候，这对太阳能光电池板会自动展开并调节角度，始终对准太阳，充分利用太阳能产生的电力把惰性气体氙原子电离，然后用电场将其加速后向后高速喷射，由此产生向前的推力。这种离子电推进器的效率要比普通化学燃料火箭发动机高出10倍，这样它只需携带很少的能量就可以上路，使它拥有更多的空间来装载各种探测月球的仪器。该技术能耗低，能量效率高，利用太阳能为飞船成年累月地提供动力，满足长途星际飞行需要；但动力不强，产生的推力很小，加速很慢。"智慧1号"此次飞行仅携带了52 kg燃料，这些燃料一般不会用于飞船加速，而是用于制动。

　　开发这项航行技术的目的主要是源于对火星之旅的需求。人们对火星之旅向往已久，但是在如此漫长的航行中究竟使用什么样的推进方式一直是航天界争论的话题。有人曾提出太阳能动力火箭方案，就是用抛物面将太阳能聚集起来，把液氢加热到2 500℃后高速喷出，以此来产生动力。这种被称为太阳能动力火箭的方式比传统化学能量方式效率提高了许多，"智慧1号"就是在这种设计方案的启发下诞生出来的，而且离子电推进器比太阳能动力火箭能量效率更高。利用装备这种推进系统的飞船来探索水星、火星甚至太阳，费用非常低，所携带的燃料只占飞船总质量的20%。而使用其他类型的发动机，费用至少高出3倍。

航天员在空间站上最长的飞行时间

从 20 世纪 60 年代起，人类开始涉足太空。但航天员乘坐载人飞船，在太空一般只能连续停留几天，因为飞船上的空间有限，无法携带过多的供应物资。如果想长期居住在太空，则必须使用空间站。

空间站也称轨道站或航天站，由于体积较大，一般都设计成组合式结构，由中心构架和一系列对接舱、气闸舱、轨道舱、生活舱、服务舱、专用设备舱和太阳能电池帆板等组成，每个舱段都有几个载人飞船那么大，因此需要运载火箭多次发射或航天飞机多次飞行，把空间站的组合构件运送到轨道上组装而成。也有人设想将未来空间站设计成充气式，发射前卷起来减小体积，升空后充气恢复原状，这样只需要发射一次就够了。

空间站内部一般设有仪器室、控制室、实验室、航天员卧室、餐厅、卫生间等，舱内形成和地球压力、温度、湿度等地面条件相同的人造环境，供航天员工作、居住和休息、娱乐，航天员还能洗澡、散步、锻炼身体、看电视，以及与家人朋友通过可视电话聊天等。

空间站扩大了人类开发太空资源的范围和规模。它利用太空超微重力、超洁净、超真空、超无菌以及超阳光辐射等地面所不可能具有的环境条件，使航天员可以长期从事天文观测、地球资源勘测和国土普查、大地测量和天气预报、生产新材料的试验、医学和生物学研究、高纯药物生产试验、军事侦察、天基战略武器的实验等。

1971 年 4 月，前苏联发射了世界上第一个小型实验性空间站"礼炮 1 号"，由轨道舱、服务舱和对接舱组成，总长约 12.5 m、最大直径 4 m、总重量约 18.5 t，可居住 6 名航天员，在太空总共运行了 6 个月。到 1985 年，前苏联共发射 7 个"礼炮"系列空间站。

美国在1973年5月发射了名为"天空实验室"的第一个试验性空间站，全长36 m、直径6.7 m、重82 t。1979年7月完成使命后坠入大气烧毁。

1986年2月，前苏联发射了"和平号"空间站，也是世界上第一个长久性空间站，轨道高度300～400 km。空间站全长87 m，其核心舱有6个对接口，2个用于对接的运输飞船，4个用于对接的其他专用舱体，包括"联盟号"载人飞船在内，总重123 t，创下了航天员在空间站上最长366天的飞行纪录。该空间站原设计寿命5年，到1999年实际在轨工作12年，取得了丰硕的研究成果。

由美国牵头，俄罗斯、加拿大、日本、巴西和欧洲航天局等16个国家参与，从1998年11月起开始合作建造的国际空间站，共有12个舱段，总长108 m、宽88 m、总重量约423 t，轨道运行高度为397km。不过，由于经费问题以及美国航天飞机因技术故障升空时间屡次延后，国际空间站迄今也没有完成建成。

中国下一步也将发展自己的空间站。

前苏联"和平号"空间站

国际空间站

母亲怀孕时间

精子穿入卵子的一瞬间即为怀孕，来自父母双方的基因的重组意味着一个全新生命的诞生。

人类正常的妊娠时限大约是 40 周，医学上常以最后一次月经的第一天为计算预产期的开始时间，正常的怀孕时限大约是 265 天左右（从卵子受精的那一天开始计算），排卵是在月经的中期，所以 40 周（280 天）妊娠比实际卵子受精开始计算的怀孕时间多 2 周。妇女的月经若以 28 天为一个周期，那么 280 天妊娠即相当于 10 个孕月（28 天为一个月经周期）或 10 个月经周期的时间，故有"十月怀胎"之说法。预产期只是一种估计值，实际分娩时间往往与预产期有 1~2 周的出入。

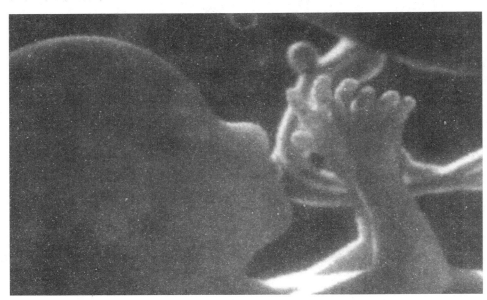

13 周左右的胎儿

胎儿在母亲身体里每天都在发生变化。

第1月：受精卵在输卵管内运行途中发生多次细胞分裂，受精卵经过六七天的运行到达宫腔埋入子宫内膜。胎儿的脑部、眼睛、嘴巴、内耳、消化系统、手、脚开始发育，心脏亦开始跳动，但此时尚未具备明显的胎儿样。

第2月：胎儿样逐渐形成。胎儿的面部、肘、膝部、手指及脚趾开始成形，骨骼开始强健。

第3月：牙齿、嘴唇和生殖器开始发育，人的基本结构开始形成。

第4月：头发、眼眉、睫毛、指甲、趾甲开始生长、声带及味蕾亦已长成。

第5月：胎动愈来愈强烈，胎儿已长出头发，身体各部分的器官逐渐成长。

第6月：胎儿已可以开闭眼睛和听到母体内的声音，手印和脚印亦已形成。

第7月：胎儿的皮肤呈红色，略带皱纹。

第8月：胎儿日渐长大，骨骼更为强健，已可听到母体外的声音。

第9月：胎儿发育已达完成阶段，皮肤软滑。它的位置下移至下腹部，并且转身，准备诞生。

第10月：胎儿皮下脂肪丰富，皱纹完全消失，体形变胖。母亲的免疫抗体传送给胎儿。此时分娩后的胎儿能立即进行呼吸、调节体温、吸乳等，具有适应外界生活的能力。

母亲在怀孕后，特别是怀孕早期，常常出现食欲不好、偏食、轻度恶心、呕吐、全身无力、头晕等现象。这些反应一般在清晨稍重，多数对正常生活没有多大的影响。

肚子中的胎儿发育所需要的营养都要靠母亲从食物中获得，母亲孕期饮食质量重于数量。特别是要保证从食物中均衡地摄取铁、蛋白质和钙。其中钙的需要量为每天900 mg，是怀孕前的1.5倍；铁的需要量为每天20 mg，是怀孕前的1.6倍。但是过多地摄入富含单一维生素或微量元素的食物，如富含铁的肝脏，有可能导致某些物质，如维生素A过剩症。

红血球平均寿命

红细胞的主要生理功能是运输氧及二氧化碳，这主要是通过红细胞中的血蛋白实现的。血液中的红细胞是血球当中最多的一种，也是体内数量最多的细胞。红血球由骨髓来制造，每秒钟大约要造 120 万个。每个红血球的寿命为 120 天，在人的一生里，骨髓所制造的红血球约半吨重。

正常成人每升血液中红细胞的平均值，男性约（4~5）×10^{12}个，女性约（3.5~4.5）×10^{12}个，居各类血细胞之首，如果将全身的红细胞一个个连接起来，能环绕地球赤道4.5圈。

成熟红细胞的胞体形如圆盘，中间下凹，边缘较厚，是双凹圆盘状的扁圆形细胞，直径约7~8μm。中间较薄这种形状可以最大限度的从周围摄取氧气。同时它还具有柔韧性，这使得它可以通过毛细血管，并释放氧分子。由于这种形状特别而且体积比较小，所以表面积对体积的比值较大，使氧气以及二氧化碳能够快速地渗入细胞内外，有利于与周围血浆充分进行气体交换。双凹圆盘形细胞比球形细胞有较大的表面积与体积之比，此比值越大，越易于变形，这种变化叫做可塑性变形。新鲜的单个红细胞呈浅黄绿色，多个红细胞常叠连在一起，稠密的红细胞使血液呈红色，细胞质中含有大量血红蛋白而显红色。

一个红细胞可在组织和肺脏之间往返大约5~10万次，存活120天。衰老的红细胞多被脾、肝、骨髓等处的巨噬细胞吞噬分解。同时，体内的红骨髓生成和释放同等数量的红细胞进入外周血液，维持红细胞总数的相对恒定，以参与人体内的气体交换。当机体需要输血时，要输同型血，但尚需进行交叉配血实验，因红细胞膜上有 ABO 血型抗原存在。

我国成年男子正常每立方毫米血液平均约含红细胞 500 万个，女子约为

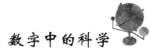

420 万。女性比男性少的原因，是因为生理出血造成的。另外睾丸酮也具有刺激红细胞生成激素制造红细胞的功能。红细胞的数量常随年龄、季节、居住地方的海拔高度等因素而有增减，初生儿较多，可超过 600 万/mm³。儿童期较少，并保持于较低水平，至青春期逐渐增至成人水平。在长期居住于高原空气稀薄处的慢性缺氧情况下，人的造血功能亢进，红细胞增多，网织红细胞也大量出现。

美国新型核动力飞船从地球抵达火星的时间

人类已经进入了航天时代。从地球前往其他行星需要多长时间呢?

以目前最先进的技术手段,飞船从地球飞往金星需要至少 163 天,飞往火星需要大约 7 个月,飞往土星则需要历时 7 年。即使是人类有史以来速度最快的"新地平线号"飞船,以 13 km/s 的第三宇宙速度,而且途中还借助木星的巨大引力进行加速,也需要飞行 11 年时间才能到达冥王星。而数十年

美国正在研制的"普罗米修斯号"太空核动力木星探测飞船

前发射的"先驱者"10号、11号和"旅行者"1号和2号飞船,至今仍未完全飞出太阳系。如果是在星际空间旅行,即使是最近的半人马座α星(比邻星)离我们也有4.4光年,如果有谁打算乘坐目前的探测飞船前往,终其一生也到达不了。

遥远的距离是人类实现宇宙探索航行所要克服的最大难题之一,解决难题的首要办法是提高飞船推进火箭的速度。目前使用的化学燃料火箭不是星际旅行的合适工具,人们开始把目光投到其他推进方式上,希望能够找到一种质量小、作用时间长和高效能的空间动力能源,使推进火箭的速度大大提高。

目前,世界各国科学家们已经提出了不少设想和方案,如电离子推进、太阳帆、微波激光帆、磁等离子体火箭、航天空气喷气发动机、光子火箭、反物质火箭等,有的比较具体,有的则还仅仅是设想甚至幻想。其中,最有现实意义的当属太空核动力,即飞船发动机利用核裂变或核聚变反应堆产生的能量转换成推力,推动飞船飞行。这种神奇的推进方式的优点在于就一给定数量的燃料,它们能释放出巨大的能量。聚变推进系统理论上每千克燃料能够产生出100万亿焦耳能量,比当今飞船的火箭推进器高1 000万倍。

2003年1月,美国航空航天局开始实施"普罗米修斯"计划,目标是研制一种新型核能动力飞船,时速可以达到8.7万km,大约是目前常规飞船速度的3倍,以完成未来前往月球、火星甚至太阳系外的任务。这种核能动力飞船能够在60天内从地球抵达火星。

根据计划,新开发的太空核裂变反应堆动力系统和太空核电源系统将在2008年前后执行技术演示任务,然后将首先应用在"木星冰质卫星轨道飞行器"的探测任务中。此外,这种核动力系统还将用于月球物理轨道器、新一代火星无线电通信站、近地轨道小行星计划、金星轨道器、天体物理学计划和火星探测计划上。例如,2008年发射升空的"火星科学实验室"是一个大型火星漫游车,它不仅重量远远超过"勇气号"与"机遇号"火星车,而且执行使命的时间也超过了它的前辈,这就需要它具有超常的能量系统,美国航空航天局为该火星车设计了核动力系统作为能源。

男性婴儿睾丸形成的时间

睾丸来源于肾体内侧的性腺始基。在男性生殖腺的形成方面，主要决定于原始生殖细胞上有 Y 染色体。当其到达生殖嵴后，经过约 6 ~ 7 周（约 56 天）形成睾丸索，继而形成睾丸纵隔。睾丸纵隔的结缔组织向生殖细胞索之间延伸形成睾丸小隔，将睾丸分为约 200 个小叶，每叶内的生殖细胞索分化成数条曲细精管，再进一步分化为直细精管和睾丸网。4 个月时逐渐成熟并随着米勒管开始自后腹膜盆骨方向下降。生殖腺的位置原在腹腔后上方，在胚胎期生长迅速，生殖腺逐渐下降。到胚胎后期，18 周时已移到骨盆边缘。到第 6 个月时睾丸已在腹股沟管上口，从第 7 个月开始，沿腹股沟管下降，到第 8 个月时降入阴囊。大约在胚胎 7 ~ 9 个月时，睾丸可降入阴囊中。但由于某些因素的影响，少数胎儿至出生时睾丸仍未降入阴囊，而滞留于腹腔或腹股沟的某个部位，这种情况称之为隐睾或睾丸下降不全。阻碍睾丸下降的原因有精索过短、腹膜后纤维性粘连、垂体功能不全、睾丸引带终止不正常或腹股沟发育异常等。

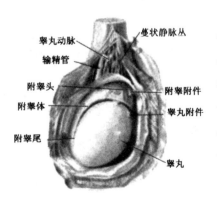

睾丸动脉
输精管
附睾头
附睾体
附睾尾
蔓状静脉丛
附睾附件
睾丸附件
睾丸

人类睾丸

睾丸是男性生殖腺，位于阴囊内，左右各一。由精索将其悬吊于阴囊内，长约 4 ~ 5 cm，厚约 3 ~ 4 cm，各重 15 g 左右。睾丸是微扁的椭圆体，表面光滑，分内、外侧面，前、后缘和上、下端。前缘游离，后缘有血管、神经和淋巴管出入，并和附睾和输精管下段（睾丸部）相接触。睾丸表面有一层厚的致密结缔组织膜，称白膜。白膜的内方为疏松的结缔组织，内有丰富的血管，称血管膜，其中含有较多的血管。睾丸的白膜在其背侧增厚，并向睾丸内陷入，构成睾丸纵隔。由睾丸网发出 12～13 条弯曲的小管，称睾丸输出管，它们穿出白膜进入附睾头中。曲细精管之有间质细胞可以分泌雄性激素，促进男性生殖器官和男性第二性征的发育及维持。曲细精管上皮细胞具有产生精子的作用，曲细精管互相结合成直细精管，是精子输送的管道系统，最后汇集、合成一条管进入附睾头部，通过输精管排出体外。

睾丸的生理作用众所周知，是产生精子和雄性激素的唯一器官，决定着孩子长大成人后是否具备正常的性功能和生育功能，影响孩子的一生。睾丸随着性成熟迅速生长，老年人的睾丸随着性机能的衰退而萎缩变小。

美军在任务下达后将兵力投递部署到全球
任一地点做好战斗准备所需的时间

　　美国是现今世界上唯一的超级大国，拥有最强大的军事力量，可以在很短的时间内，将兵力投放至全球任一地点。

　　海湾战争后，美军提出了"以数字化网络为中心的战争"的概念，其目标是将传感器、通信装置和武器紧密地联结成一个数字化的网络，从而增加军队的有效战斗力。

　　目前美军正在向数字化部队转型，为传统机械化步兵配备了数字化指挥和控制系统，实现了指挥控制、情报侦察、预警探测、通信、电子对抗一体化和主战武器智能化。1996 年，美国陆军又组建了数字化旅，装备了数字式

正在车载系统中输入坐标的士兵

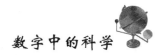

无线信息传输系统，由嵌入式设备及系统硬件、软件和数据库组成，主要具备战场态势感知能力、战场信息传输能力和与武器平台上的 GPS 相配合三大功能。

所有这些数字化部队都能够将全军的所有作战单位及其装备以及敌军的部署和装备输入一个数据库，各级指挥员通过电子计算机屏幕，可以了解到整个战场的情况，同步跟踪自己、友军及敌军的部队动向。在阿富汗战争中，美军数字与广播通信网络将遍布各地的指挥所、传感器以及射手联结起来，使武器平台发挥了更大的作用。数字网络使无人机能够向作战飞机提供实时目标数据与图像，并引导作战飞机打击目标。在伊拉克战争中，美军的地面部队能够更快速、更准确地机动，提高了指挥和控制的灵敏度和速度。

近年来，美国国防部根据伊拉克战争的经验以及美国在全球的战略任务，要求美军具备进一步的灵活反应能力、全球部署能力、强大毁伤能力、持久作战能力和适应生存能力，美国陆军又提出了"模块化"作战部队的建军思想。

所谓"模块化"部队是指根据美国"作战模块化标准"，将现有的每个陆军师重组成数个规模较小、功能强化、设备齐全的旅级建制的部队，强调快速部署和灵活反应，根据不同作战任务的需要，可随机组合进行作战。在 2007 年前，陆军将有 9 个师改编成"模块化"部队，以便满足美国国防部提出的"10－30－30"作战能力目标，即在任务下达后 10 天内将兵力投送部署到全球任一地点，做好战斗准备；其后 30 天内，战胜敌军、完成作战任务；再用 30 天时间重新集结兵力于新的地区完成军事部署。

美军转型的目标是于 2030 年前后，将陆军逐步改造成为一支全新的、能在各种军事行动中取得主导地位的信息时代战略反应部队，而核心装备则是美军目前正在大力发展的"未来作战系统"。

英国许多植物物种开花时间比
过去 40 年间平均提前时间

理查德·菲藤是一位著名的博物学家，喜欢记录数百种植物物种首次开花的日子、鸟类春天到达的时间、夏末蝴蝶离开的日子，以及其他季节更替的迹象。

与他父亲一样，阿拉斯泰·菲藤长大后也成了一名博物学家，同时又是约克大学的生态学教授。成人后他认识到，父亲的笔记里系统地记录了一个地点长达 47 年的很多物种的时间细节。于是阿拉斯泰决定仔细研究这些手稿。当时，气候研究人员已经证实地球正以惊人的速度变暖。在过去 100 年间，地球近表面温度已经上升了大约 0.6℃。20 世纪 90 年代是记录上最暖和的 10 年。他想，父亲记录植物生存状态的数据可用来证实全球变暖的结论。

阿拉斯泰对自己的发现感到惊讶。虽然对在 20 世纪 90 年代初记录的分析并没有显示出一致的规律性，但是比较整个 90 年代与过去 40 年间植物的开花期，他发现有 385 种植物的开花时间平均提前了 4.5 天。一个共有 60 个物种的较小亚群，开花时间平均提前了整整两周，仅仅 10 年变化就如此之大，实在让人震惊。理查德认为：结果显示，至少在英国牛津附近，"气候正发生着极其突然的变化"。

由于春天来得早，春季温度上升得很快，许多生态系统中相互依赖的物种开始出现不同步的危险迹象。在英国牛津附近，许多植物物种在 20 世纪 90 年代的开花季节比它们在 1954—1990 年期间的平均开花季节

温室效应可能导致冷杉濒临灭绝

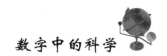

有所提前。变化最显著的物种是野芝麻，也称白色野荨麻花：现在每年最早开花是在 1 月 23 日，而从前是 3 月 18 日。

菲藤父子共同将该研究发表在 2002 年的《科学》杂志上。在最近众多说明世界上动植物生存状态正迅速发生变化的研究中，它只不过是更惊人的成果之一。也是在 2002 年，政府间气候变化委员会（IPCC）在对 2 500 多篇论文的评论基础上，出版了有关该主题的概论。在这些文章中，有很多报道了至少过去 20 年间物种与气温之间的关系。在这些文章研究的超过 500 种鸟类、两栖动物、植物和其他生物中，为适应气候变暖，有 80% 改变了其繁殖和迁徙的时间、生长季节的长短、物种的规模和分布。概论的作者得出结论："在 20 世纪，地域气候的变化，尤其是气温的升高，给生物系统造成了明显的影响。"

一些科学家对全球变暖是否对生态系统内动植物之间的关系产生负面影响进行了研究。该研究证明：气温升高导致食物链某些环节的退化，并且削弱了一些生物在其栖息地继续生存的适应能力。尽管到目前为止，数据还不足以证明许多生态系统正在崩溃，相关发现已经指出这是一个不妙的倾向。

近些年来，地表变暖的加剧已经开始改变某些生态系统中物种之间的关系，例如食物链的变化，那些不适应新环境的物种面临着绝迹。

美国"阿波罗号"飞船航天员
从地球到达月球所花时间

　　20 世纪 50 年代，苏联与美国人展开了激烈的太空竞争。1961 年 5 月 25 日，肯尼迪总统宣布美国将执行"阿波罗"载人登月计划，力争在 10 年内把美国人送上月球并使其安全返回。

　　美国于 1966—1968 年进行了 6 次不载人飞行试验，在近地轨道上鉴定飞船的指挥舱、服务舱和登月舱，考验登月舱的动力装置。1968—1969 年，先后发射了"阿波罗" 7、8、9 号飞船，进行载人飞行试验，包括环绕地球、月球飞行和登月舱脱离环月轨道的降落模拟试验、轨道机动飞行和模拟会合、模拟登月舱与指挥舱的分离和对接，检验飞船的可靠性。在一次发射演习过程中曾发生着火事故，造成 3 名航天员死亡。1969 年 5 月 18 日发射的"阿波罗 10 号"飞船进行了登月全过程的演练飞行，绕月飞行 31 圈，两名航天员乘登月舱下降到离月面 15.2 km 的高度。

"阿波罗号"航天员走出登月舱，踏上月球

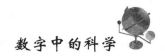

1969年7月16日9时32分，"阿波罗11"号飞船发射升空。承担首次登月任务的是指令长尼尔·阿姆斯特朗、指令舱驾驶员米切尔·科林斯和登月舱驾驶员埃德温·奥尔德林。飞行途中，"阿波罗11号"飞船进行了两次轨道校正，进入环月飞行轨道后先绕月球飞行了近13圈，然后启动服务舱发动机减速，降低轨道后登月舱与指令舱和服务舱顺利分离，登月舱沿抛物线缓慢地下降至月面，在月球"静海"安全实现软着陆。另一名航天员仍留在指挥舱内，继续沿环月轨道飞行。7月21日22时56分，即在飞船起飞后102小时45分43秒，登月舱门打开，航天员阿姆斯特朗成为第一个足迹踏上月球的人。

航天员在月球上停留了21小时18分钟。他们在月面上放置了一台激光反射器、一台月震仪和捕获太阳风粒子的铝箔帆，拍摄了月面、天空和地球的照片，采集了月球土壤和岩石标本，然后驾驶登月舱返回环月轨道，与母船会合对接。随即抛弃登月舱，启动服务舱主发动机使飞船加速，进入月地过渡轨道。在接近地球时飞船进入大气层，抛掉服务舱，进入低空指挥舱利用降落伞降低下降速度，最终于7月24日在太平洋夏威夷西南海面溅落。整个飞行历时8天3小时18分钟。

此后，美国又相继6次发射"阿波罗"飞船，其中5次成功，总共有12名航天员登上月球。其中1970年4月发射的"阿波罗13号"，虽因氧气瓶爆炸发生事故，但仍然安全回到了地球。"阿波罗"登月计划的成功使得人类第一次离开地球而到达别的天体，是人类进入太空开拓新的疆域的一个里程碑，也为人类今后开发利用月球创造了条件。

秀丽线虫的寿命

72 小时——3 天，是一个人的梦想。美国伟大的盲人妇女海伦·凯勒，渴望拥有 3 天的光明，用来看看她的朋友、回访生活过的环境和寻找新的喜悦。3 天，也是一个人的壮举。美国退休隐居的富翁霍华德·休斯用不服老的精神，在 1938 年用 3 天多的时间乘坐飞机环绕地球一圈。3 天，只不过是人一生的几千分之一，却是一条秀丽线虫服务于科学的一生。

2002 年 10 月 7 日，瑞典卡罗林斯卡医学院把 2002 年诺贝尔生理学或医学奖，授予来自英国的布伦纳和美国的霍维茨和萨尔斯顿，以表彰他们在发现器官发育和细胞死亡过程中基因变化规律的贡献。

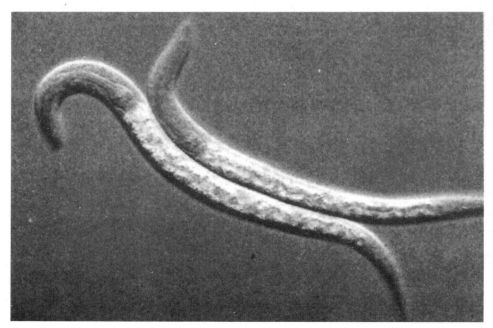

秀丽线虫

他们所研究的对象就是秀丽广杆线虫（Caenorhabditis elegans，简称"秀丽线虫"）。布伦纳首先把秀丽线虫作为一个生物研究材料，发现了秀丽线虫的遗传突变体；萨尔斯顿在此基础发现了线虫细胞的凋亡过程，测定了线虫的细胞谱系；霍维茨则发现秀丽线虫中控制细胞死亡的主要基因，并证实了人体内也存在相应的基因。

科学家借助相对简单的生物也就是模式生物，来研究复杂生物的生长发育规律。模式生物具有的特点是：生理特征明显并能代表生物界的某一大类群；易于饲养、繁殖；易于进行遗传学分析。在秀丽线虫之前，著名的模式生物有酵母、海胆、果蝇等。

现在看来，秀丽线虫成为模式生物有某种必然性。一是因为秀丽线虫长不过 1 mm，在显微镜下通体透明，十分容易观察；二是线虫的细胞较少，能够数得清分得明，它的幼虫含有 556 个体细胞和 2 个原始生殖细胞，常见的雌雄同体成虫成熟后只有 959 个体细胞和 2 000 个生殖细胞；三是线虫的寿命很短且可冷冻储存，从生到死只有 3 天半的时间，其演变过程能够被不间断地跟踪观察。可是，多少年来，生活在土壤中、以细菌为食的秀丽线虫与人类似乎也没有什么牵连，更别说进入到科学家的视野之中了。当 1965 年布伦纳选择秀丽线虫作为研究对象时，他是冒着巨大的风险的，那时候许多生物学家因为不知道线虫究竟有多大研究价值，甚至嘲笑布伦纳。

通过对秀丽线虫死亡过程的研究，科学家发现了细胞的"程序性死亡"或称"凋亡"机制，即生物体发育成熟后，生物体中老细胞的死亡有如程序控制的自杀行为，死亡细胞被清除后立即产生新的细胞，死亡细胞与新生细胞保持动态平衡。如果老细胞没死，可能会导致细胞过度增长形成病变；如果老细胞过多死亡，可能会破坏生物体的抗病能力。

通过培养条件的改善，秀丽线虫的寿命也可以大大提高，有的甚至可以活上 3 周。这和人类寿命延长的方式也是相似的。

第一只碳丝白炽灯寿命

在发明电灯之前，人类靠篝火、火把、蜡烛、油灯或煤气灯来为黑夜照明。

18 世纪末，科学家发明了最早的伏打电池，但产生的电量很小，只能用于实验室中。1845 年，英国物理学家惠斯通发明了采用磁铁的发电机。此后，德国电气工程师西门子等人对此进行了改进，设计制造出依靠蒸汽机或水轮机推动的高效率发电机，能够大量廉价地发电。

早在 19 世纪初，英国化学家戴维就发明了电灯，但点亮的时间很短。在此后近 70 年时间里，发明家试制了无数不同结构和不同灯丝材料的电灯，最终都失败了。直到 1879 年，英国人斯旺和美国人爱迪生历经几百次试验挫折，分别独立发明了能够连续点燃几十小时的真空碳丝白炽灯泡。以后，人们采用耐热金属钨取代碳丝，又在灯泡中充入氮气和氩气，使灯丝寿命大大延长。

随着照明技术的发展，人们逐渐发现白炽灯的发光效率很低，大概为 15% 左右。为提高白炽灯的发光效率，必须提高钨丝的温度，但会造成钨的蒸发，使灯泡玻壳发黑。20 世纪 50 年代，人们开始在灯泡中充入卤族元素或卤化物，利用卤钨循环的原理，可以消除白炽灯的玻壳发黑现象，这就是卤钨灯。

爱迪生发明的碳丝白炽灯

科学家们还发明了其他种类的电灯，例如霓虹灯。它是在长长的玻璃灯管内充入各种惰性气体，然后施加电高压，导致阴极辉光放电而发光。如果灯管中充入氖气，就会发出红色光；充入氩气，就会发出蓝色光，充入汞蒸气，就会发出黄色光……由于色彩鲜艳，常被用作夜晚的户外广告牌。

如今为了节约用电，许多国家已经开始禁止生产白炽灯，要求全面使用节能荧光灯。

荧光灯最早是在1939年出现的，灯管内壁涂有荧光粉，一般制成长长的管状或环状。有时为缩小体积，灯管曲曲折折盘成好几道弯，目的是尽量增大灯管的内壁面积。通电后灯管中的汞蒸气会产生紫外线，荧光粉吸收紫外线后便发出强烈的荧光。根据荧光粉成分的不同，发出的荧光颜色也不同。荧光灯的发光效率和寿命远比白炽灯高，一支40 W的荧光灯管所发的光相当于150 W的白炽灯，寿命可以达到5 000小时，效率可以达到80%以上。

现在，一种全新的照明技术——半导体照明灯也开始得到应用。半导体照明灯利用大功率发光二极管作为发光材料，直接将电能转换为光能，光电转换效率接近百分之百。

也许再过几年，使用了100多年的白炽灯就要结束它的历史使命了。

地球自转 1 周的时间

古人相信大地是不动的，日月星辰都在围绕着大地旋转。直到哥白尼发表日心说后，中世纪欧洲一些学者仍因主张地球转动的观点而被宗教法庭判罪。其中最著名的是伽利略，他在晚年，一直被软禁，并不得不表示"忏悔"。

尽管此后人们逐渐改变了有关地球固定不动的观念，但是直到 1851 年，法国物理学家傅科才首次用实验证明了地球的自转。他在巴黎荣军院的圆顶大厦内安装了一个长 67 m 的巨摆，摆的底部有一枚细长的尖针，并在摆针的下方安置了一个沙盘。

按照惯性原理，在没有外力作用下，摆针应该始终在一个固定不变的方向来回摆动。然而人们却看到，摆针在沙盘上划出一道道的痕迹，这些痕迹沿顺时针方向缓缓移动。实验向人们证明，摆动方向发生顺时针移动是由于观察者所处的地球正在逆时针移动。摆针的移动方向在北半球是顺时针的，在南半球是逆时针的，在赤道上摆动方向则不转动。纬度越高，移动速度越快。在巴黎所处的北纬 49 度的地方，需要 31.8 个小时方能移动一周；而在南极和北极，摆针移动一周的时间需要 24 小时，恰好是地球自转一周的时间。当时人们已经比较准确地计算出地球赤道的周长约为 4 万 km。在赤道地区地面移动得最快，速率达到每小时 1 000 多 km，即每秒约 500 m，相当于子弹出膛时的速度。但人们却没有一丝感觉，这是由于

傅科摆

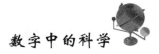

在惯性的影响下，周围的物体都跟随地球高速转动的结果。

但是旋转越快，离心力就越大，也就是说，把物质推离旋转中心的趋势越强。这意味着，地球的赤道附近应该向外鼓得最厉害，而两极地区则呈扁平状，换句话说，地球的形状应该是一个扁椭球体。其实早在 200 年前，牛顿就已注意到这种现象，甚至还计算出两极的扁平度应约为地球直径的 1/230，这同真实情况非常接近。

地球的自转带来了许多影响。例如空气是随着地面的运动而一同运动的，如果有一个气团从赤道向北移动，那么它在赤道上空随地球转动的速度就会超过它所移向的那个地区的地面运动速度。于是，它就会不断超越从西向东运动的地面，向东流动。这种效应使得气团在北半球沿顺时针方向回转，形成气旋扰动，造成热带风暴。每年夏季，北大西洋都会有飓风袭击北美地区，而在北太平洋上则形成台风，袭扰东亚地区。

"神舟 5 号" 载人飞船飞行时间

设计制造载人飞船进入太空，目前世界上只有俄罗斯、美国和中国能够做到。

载人飞船又称宇宙飞船，是指能携带航天员在太空生活和工作并返回地面的航天器。1961 年 4 月 12 日，前苏联发射了世界上第一艘载人飞船"东方 1 号"，加加林成为世界上第一位进入太空的航天员，用了 108 分钟绕地球运行一圈后安全返回地面。第二年，美国也发射了载人飞船"水星 6 号"，航天员格伦绕地球飞行 3 圈，历时 4 小时 55 分。

中国从 1999 年 11 月起，连续进行了 4 次"神舟"系列飞船的无人飞行与返回实验。2003 年 10 月 15 日，载有中国第一位进入外太空的航天员杨利伟的"神舟 5 号"载人飞船顺利发射升空，经过 21 小时的飞行，共绕地球 14 圈，于次日成功着陆返回地面。2005 年 10 月 12 日，载有航天员费俊龙和聂海胜的"神舟六号"载人飞船顺利发射升空，共飞行 115 小时 32 分钟，绕地球 77 圈，航天员按计划完成了预定的空间飞行实验，于 6 日后成功着陆返回地面。

2008 年 10 月，中国还将进行"神舟 7 号"飞船载人飞行，共有 3 名航天员一起升空，停留在太空的时间将更长，其中一名航天员还将出舱进行高难度的太空行走。

"神舟"系列载人飞船的结构分为 3 个舱段，包括仪器设备舱、轨道舱和返回舱。仪器设备舱内有各种飞船航行和轨道变更所需的推进装置、燃料、电力和控制仪器等，外部装有太阳能电池板。轨道舱是航天员在太空飞行中进行科学实验的地方，舱中有观测仪器和通信设备。航天员可以穿上太空服，通过密封舱门来到舱外，此时以一根长长的"脐带"将航天员与飞船系在一起，提供所需要的氧气、压力、电力等。航天员背负着喷气机动装置，通过控制喷气管的方向和推力进行"太空行走"。

返回舱是航天员在太空飞行中睡觉和休息的地方，直径2.5 m，超过了俄罗斯正在使用的"联盟号"飞船2.2 m的直径，是目前世界上载人飞船中最大的，可同时容纳3名航天员。在飞船起飞阶段，航天员坐在返回舱中，舱内有仪表和控制装置，航天员可以监控飞行情况并用手控调整飞行姿态。当飞船完成任务准备返回地面时，航天员进入返回舱，然后与仪器设备舱和轨道舱分离，变更轨道进入大气层，通过与大气剧烈摩擦产生的高温"热障"，在距地面十几千米处释放降落伞降低速度，最后安全返回地面。而仪器设备舱和轨道舱仍可留在太空运行一段时间，从事无人对地观测和开展科学实验。它们最终会因失去动力而坠入大气层焚毁。

中国"神舟号"载人飞船

"神舟号"飞船返回舱

人的工作与睡眠时间

8 小时，是我们最熟悉的一个时间段了，因为我们通常每天会工作 8 小时，睡觉 8 小时。

如果你夜里没有充足的睡眠，也用不着格外担心，因为这样的人很多。据资料，40% 的美国人在白天感到很疲劳，这种疲劳干扰了他们的日常活动。一个人究竟需要多少睡眠时间？作为一种普遍的原则，多数成年人在每两次醒来之间需要一小时睡眠，因此很多睡眠专家使用 8 小时睡眠标准。

如果我们的睡眠时间少于需要的，我们的身体就开始欠睡眠债了。公式是这样的，如果你每天只睡 6 小时，你则欠 2 小时的债，如此两个晚上或 4 小时的债可以使你更加易怒。如果 5 天都缺觉——比你所需的少 10 个小时，超过整晚的睡眠时间——可以增加发生疾病的几率，如咳嗽和感冒。

超额的睡眠债会增加你出现事故的风险，无论是像在咖啡桌磕了一下腿一样微不足道还是你的车在高速公路上失事一样严重。

可能有人认为他们可以用打盹或周末睡懒觉的方式弥补睡眠。虽然尽可

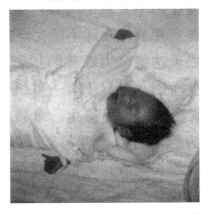

能地用小睡来弥补会有点帮助，但你这个星期的表现很有可能不是最佳的。另外，周末熟睡可能打乱你下一周的睡眠周期。每天定时睡觉和起床对你的身体更有好处，即使在你不上班的时候。让你的睡眠债一周一周地积累，最终意味着你永远不能完全摆脱它。

凡能使你第二天达到精力旺盛的状态所需的时间就是你自己需要的睡眠时间。世界

刚出生时的婴儿大部分时间在睡眠 上有一些例子显示某些人每天睡 3 ~ 4 小时

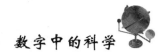

就够了，如爱迪生、拿破仑、撒切尔夫人等，这些人被称为短睡者；也有每天睡9～11小时的人，如爱因斯坦等，称为长睡者，人群中这两者比例不多，只占人群中的1%～3%。

组织通过睡眠来清理每日的细胞残核和产生新细胞，可使身体精力旺盛。你的身体堪称一座办公楼，每晚清洗大楼运走垃圾，为第二天整理好一切。如果行政人员工作了一晚上，清洁人员什么时候进去打扫呢？第二天办公楼仍然杂乱无章。但是不管愿不愿意公司都要照常营业。如果这些行政人员工作到很晚，清洁工作就无法开展，大楼的老化就会加速。我们常常吝惜睡眠时间，沉迷于一些深夜狂欢，低睡眠的生活方式实际上会加速衰老。

我们生活在一个24/8的世界，睡眠需要时间。没有睡眠我们不能生存，它就像食物和水一样，是生命最基本的要求之一。

我国宪法规定，国家规定职工的工作时间制度。劳动法第36条规定，国家实行劳动者每日工作时间不超过8小时，平均每周工作时间不超过44小时的工作制度。这样，劳动者的休息权得到法律保障，有利于提高工作效率和劳动生产率。

首批战场机器人士兵最长运转时间

很久以前就有人发表科幻小说，想象未来的机器人士兵作战场景。如今这个幻想已经成为现实。

由于近年来自动化技术的飞速发展，也由于美军在伊拉克战争中士兵损失惨重，为了平息美国公众日益高涨的反战情绪，同时为了节省人员成本，美军开始设想研制武装机器人，替代或协助士兵打仗。

2005 年 3 月，18 个名为"利剑"的遥控战场机器人士兵首次加入美军在伊拉克的数字化部队。这些机器人士兵每个约重 50 kg，高约 0.9 m，配备一挺机枪，外加可精确瞄准的步枪与火箭弹发射器，能够连续向敌方发射枪弹及火箭弹，每分钟能发射 1 000 发子弹。每个机器人拥有 4 台摄像机、夜视镜等光学侦察和瞄准设备，射击命中率几乎可达到百分之百。

这些机器人士兵主要负责观测、侦察以及辅助士兵作战，采用履带式行走机构，最快行走速度达到 8.5 km/h，以锂电池作为能源，远程操纵距离最远至 0.8 km，最长连续运转时间为 4 h。它们将成为美军历史上第一批参加与敌方面对面实战的战场机器人。

战场机器人技术起源于工业机器人和自主车辆技术。美国于 1984 年开始研制第一台地面自主车辆，可以在无人干预的情况下自己在道路上行驶。1992 年，美国研制出时速 75 km 的自主汽车。尽管目前仍有许多技术难题未得到解决，但地面自主车的研制大大推动了智能机器人的发展。

2000 年，美国国会通过一份提案，要求 10 年内美军三分之一的地面车辆和三分之一的纵深攻击战机实现机器人化。美国前国防部长拉姆斯菲尔德首次提出以"未来作战系统"主宰 21 世纪战场，即将士兵与各种作战平台、火力支援系统、传感器和指挥控制系统等相连的集成系统，系统以战场互联网

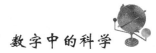

为纽带，将各种非直瞄火炮、非直瞄发射系统、无人地面传感器、无人战车以及无人驾驶侦察和作战飞行器，以及武装战场机器人等串联在一起。机器人部队将成为该系统以及美军转型部队的关键部分。一支典型的未来作战部队应该包括 2 245 名人类士兵和 151 名机器人士兵。

这些机器人士兵可分 5 大类，包括猎杀机器人，侦察建筑、隧道、洞穴的机器人，能搬运数吨弹药等物资并执行侦察任务的机器人，飞行机器人——能够执行精确轰炸任务的无人驾驶飞机，最后一种是能够发射无人驾驶飞机的机器人。

机器人士兵时代即将来临，21 世纪将是一个广泛使用军事机器人技术系统的世纪，军队机器人化正在成为战场上的现实。

"利剑"机器人士兵

"惠更斯号"着陆器降落在土卫六上所花的时间

在太阳系中,哪里最有可能存在地外生命呢?

过去几十年,人类多次派出探测飞船对太阳系的差不多所有星球(除了最遥远和最寒冷的柯伊伯带天体外)进行了逐一拜访,发现只有土星的第六颗卫星的地形地貌和大气条件最接近于地球。尽管表面温度很低,但科学家认为,在它历史上的某些时期,曾有可能发生类似地球早期阶段促进生命发生和演化的有机化学反应。土卫六与火星和木卫二是除地球外太阳系中最有

"惠更斯号"探测器在土卫六表面着陆示意图

可能有生命存在的少数天体中的成员，它很有可能帮助我们解开宇宙中生命起源之谜。

2005 年的 1 月 14 日，人类有史以来制造的最大和最先进的探测飞船 "卡西尼号" 飞临土卫六，飞船上携带的 "惠更斯号" 着陆探测器首次降临至土卫六的表面，使远在数十亿千米外的地球人类能够一睹上卫六浓厚大气下的神秘面容。

在向土卫六表面降落期间，"惠更斯号" 先后打开 3 个降落伞进行减速，然后在高层大气中慢慢悠悠地向地面飘去，探测器上的各种仪器此时全部打开，悬浮微粒采样器开始采集土卫六大气中的悬浮物质，然后由气相层析质谱仪进行化学成分分析；与此同时，成像系统和光谱辐射计开始拍摄气体云层的图像。

当探测器的下降速度约为 100 m/s，距离土卫六地表上方 50 km 高度时，成像系统开始拍摄下方地表的全景图。由于大气层吸收了太阳光中的蓝光，因此土卫六地表呈现大片的深红色。在下降过程的最后几百米，"惠更斯号" 上的探照灯首次照亮这片神秘的大陆，着陆地点附近的景物一览无遗。整个降落过程持续约 3 个小时，探测器最终在土卫六零下 180℃ 极度寒冷的冰冻表面着陆。

通过 "惠更斯号" 发回的照片可以看到，着陆地带有刚下过甲烷雨的痕迹，一些地方沟渠纵横，有成分不明的液体在其中流淌，附近还有几块白色块状物体，科学家认为可能是巨石或由水凝结成的冰块。土卫六表面有很多侵蚀、机械摩擦以及水文活动痕迹，交错的河道从高低起伏的山间伸延到低矮阴暗地区，最终汇合形成蜿蜒曲折的江河体系，一直伸延到某些干涸的大湖，在湖中还有类似岛屿的痕迹。这些与地球惊人相似的地貌，说明导致土卫六地貌形成的地质和气候活动与地球十分相似，甲烷在这个星球上的角色犹如地球上的水。据推测，早期地球上也存在大量类似甲烷的碳氢化合物，最初的地球生命就是在类似的环境中诞生的。

"嫦娥1号"卫星绕月周期

数千年前，中华民族就流传有"嫦娥奔月"的美丽神话，寄托着人们的美好向往。

2007年11月7日，完全由中国人独立研制和发射的"嫦娥1号"月球观测卫星经过326小时的飞行和380万km的跋涉，顺利进入距月面200 km的环月圆轨道。中华民族世代不忘的奔月梦想终于成为现实。

自从20世纪50年代末以来，人类已经发射了数十艘探月飞船与卫星，美国航天员曾数次登上月球，带回岩石和土壤标本，但世界各国科学家对探测月球仍热情不减。这首先是因为月球在科学上仍有许多不解之谜，探索月球可以更加丰富人们对于天文和宇宙的了解，促进空间科学、生命科学、宇航技术、遥感技术等发展；同时月球还是一个非常理想的微重力和无磁场的真空环境，适宜开展各种新型材料或生物药品的实验和生产。月球上存在100多种矿物资源，其中很多是地球稀有矿物。此外，月球还可作为人类进一步探测其他行星的理想基地和"跳板"。

嫦娥奔月过程

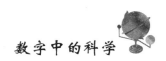

正由于此，中国科学家在 1994 年首次提出探月构想。2000 年 11 月，中国政府在首次公布的航天白皮书《中国的航天》中明确了近期发展目标中包括开展以月球探测为主的深空探测研究。国家航天局制定了探月 20 年规划，包括"绕、落、回"三个阶段，第一阶段从 2004 年 1 月正式开始。

2007 年 10 月 24 日，"嫦娥 1 号"搭乘"长征 3 号"甲火箭在巨大轰鸣中顺利发射升空，首先进入运行周期约为 16 小时的地球同步转移轨道，星箭分离后进行了 3 次加速，将飞行速度提高到接近第二宇宙速度的 10.58 km/s，按预定的时间和位置成功进入地月转移轨道，开始向着月球飞去。

由于控制精准，在奔向月球的飞行过程中，科学家取消了两次中途轨道修正。11 月 5 日，卫星接近月球，进入月球捕获轨道，先后进行了 3 次近月制动，降低飞行速度，将轨道调整为周期 127 分钟，高度为 200 km 的绕月轨道，经过一段时间的在轨测试，卫星上的遥感仪器相继打开。"嫦娥 1 号"伴随着北宋词人苏轼名篇"但愿人长久，千里共婵娟"等咏唱，正式进入科学探测的工作状态。

"嫦娥 1 号"的设计工作时间为 1 年，期间将在世界上首次用立体相机获取覆盖月球全球的三维地形地貌照片，首次对月球表面 14 种有开发利用和研究价值的元素含量与分布进行探测，首次利用微波辐射计探测月壤厚度及其分布。很快，中国科学家还将实施"嫦娥"二期工程，发射机器人到月球表面实地探测。今后，中国人还将派自己的航天员登陆月球，建立自己的空间站和月球基地，以及开展对火星、小行星与彗星的飞船探测研究。

世界第一颗人造地球卫星的运行周期

每时每刻，我们的头顶上都有数颗人造地球卫星悄然无声地快速掠过。

人造地球卫星是指能够环绕地球飞行的无人航天器。早在 1945 年，英国人克拉克就曾发表科幻小说，提出人造卫星可以用来作为通信中继站，使无线电信号跨越大陆和海洋，将电视节目转播给全世界的观众。这个在当时看来很荒唐的提议，仅仅十几年就变成了现实。

1957 年 10 月，前苏联把第一颗人造地球卫星送入轨道，在椭圆形轨道上环绕地球飞行，近地点距地面 250 km，远地点 900 km，运行周期 96.2 分钟。这颗卫星呈圆球形，直径为 58 cm，重 83.6 kg，星内装有无线电发射机以及少量测试温度与压力的传感器、磁强计和辐射计数器等，功能非常有限。但它的升空标志着航天时代的开始，人类的探测疆域已经从陆地、海洋、大气层扩大到了宇宙空间。

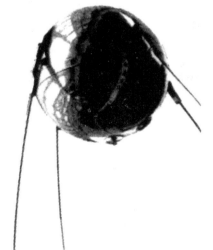

世界第一颗人造地球卫星

不到 4 个月，美国也发射了它的第一颗人造卫星，所携带的摄像机使人们有史以来第一次完整地看见自己所居住的星球。不久，美国又发射了第一颗气象观测卫星，在两个月内发送回 2 万幅广袤的地球表面以及云层的照片，气象学家第一次看到了完整的热带气旋形成和正在产生龙卷风的云层，比用常规的方法早两天确定出飓风的位置。此后，人造卫星所发送的数据开始广泛应用于天气预报的日常工作中。

美国在 1962 年 7 月发射了第一颗通讯

卫星，能够接收地面发射的无线电波，把信号放大后再转发出去。通过卫星转播，电视节目第一次能够越过大洋。1963年美国又首次发射了两颗地球静止轨道通讯卫星，它们位于距地球3.6万km的轨道，运行周期刚好是24小时，从地面上看恰似静止在大西洋和印度洋上空，与地球作同步运转。1964年10月，这两颗卫星曾把在日本东京举办的奥运会实况转播到世界各地。1960年4月，美国还发射了第一颗专门用于测定全球地理位置方位的测地卫星。

中国于1970年4月24日成功地发射了第一颗人造卫星"东方红1号"。卫星直径约1 m，重173 kg，沿近地点439 km、远地点2 384 km的椭圆轨道绕地球运行。以后陆续研制发射了上百颗各种类型的人造地球卫星。

目前人类已发射了数千颗人造卫星，其中90%以上是直接为国民经济和军事服务的卫星，称为应用卫星，包括空间探测卫星、通讯卫星、天文观测卫星、气象观测卫星、地球资源卫星、侦察卫星、导航卫星、测地卫星等。此外，美国等还在秘密研制携带太空武器的技术试验卫星。

"鹦鹉螺号" 度假太空舱环绕地球一圈的时间

在载人航天技术发展的早期阶段，只有经过严格选拔和训练的航天员才能进入太空。20世纪80年代，美国一位中学女教师麦卡利夫作为世界上第一名航天飞机普通乘客，准备到太空中向中小学生讲解航天科普知识。不幸的是，她搭乘的"挑战者号"航天飞机起飞仅73 s就发生了爆炸，她和其他航天员一起遇难。

但这并没有阻挡住普通大众进入太空的梦想，迄今已有多人先后搭乘俄

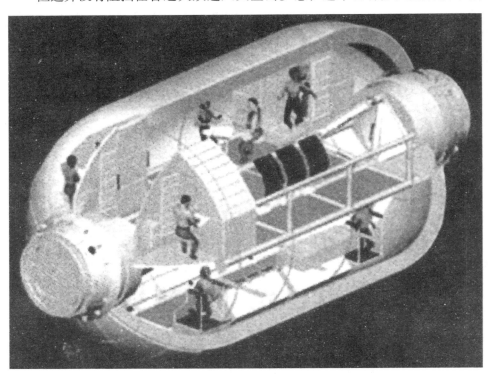

太空舱内部模拟图

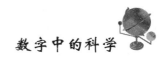

罗斯"联盟号"飞船飞上太空，甚至进入国际空间站。当然，这些人的太空旅行代价不菲，平均每人约花费 2 000 多万美元，但却由此开创了一个新兴产业——太空旅游。

如今，有心实现太空旅游梦的人越来越多。许多国外私人企业看好这里的商机，纷纷上马打造起各种载人飞船。美国一家名叫 XCOR 的公司正在研制专为太空旅游开发的可重复使用的"火箭飞机"。另一家名为莫哈韦的公司研制出"太空船 1 号"小型航天飞机，能够一次将 3 人送至 100 km 高的地球轨道。英国维真集团目前正在与该公司合资建造可以将 6 名乘客送入 100 km 高的"太空船 2 号"，在 2010 年前开辟世界上首条商业太空旅游航线。俄罗斯也在研制名为"曙光号"的新型载人飞船，能够一次将 6 位游客送往太空。

旅游者到了太空要有歇脚的地方，于是美国、欧洲以及日本的太空商业开发公司又纷纷设想要建造"太空酒店"。在各种各样的计划中，目前只有美国毕基洛航天公司的"鹦鹉螺号"度假太空舱项目最有实现的可能。这个度假太空舱长 15 m、直径 7.5 m，像个两层楼高的圆桶，由结实的气囊材料组成，内部容积 330 m³。舱室分为上下三层，包括起居室、睡房和浴室。太空舱两端各有连接口，一边与载人飞船连接，供旅客进出，另一边连接一个小型火箭推进器，维持太空舱在轨道上正常飞行。太空舱发射时折叠起来，送上 400 km 高的太空轨道后，再以充气的方式膨胀成原来的大小。

"鹦鹉螺号"度假太空舱的实验原型"起源" 1 号和 2 号已分别于 2006 年 8 月和 2007 年 6 月用俄罗斯火箭送入太空接受测试。真正的"鹦鹉螺号"太空舱可能在 2008 年后发射升空，并在 2010 年前后试营业。最终，由五六个度假太空舱组合而成的"太空酒店"将在 2015 年正式开张。届时游客可以坐在距地面数百千米高的"太空酒店"里，以 3 万 km 的时速，每 90 min 绕地球一圈，凭窗远眺，俯瞰脚下蔚蓝色的地球飘过，观望宇宙深处神秘的星辰，欣赏浪漫的太空美景，甚至身穿太空服走出舱门，体验太空漫步的滋味。

一天中太阳经过地球一个时区的时间

　　根据考古发现，古巴比伦人和古埃及人早在 5 000 年前就已经开始测量时间，他们采用历法来组织和协调公共活动和公众事务，决定农作物的种植和收获日期。当时人们是以太阳日复一日的升起、月亮周期性的圆缺以及四季有规律的重复变化来计量时间的，分别称为日、月和年。古埃及人最早制定了历法，根据天上的 12 个星座，将一年划分为 12 个月，每个月有 30 天，另加 5 天为一个太阳年。古埃及人还发明了计时系统，将每天的白昼与黑夜各划分为 12 个相等的时间间隔，并将日晷盘面刻度分成两个 12 等分的小时。

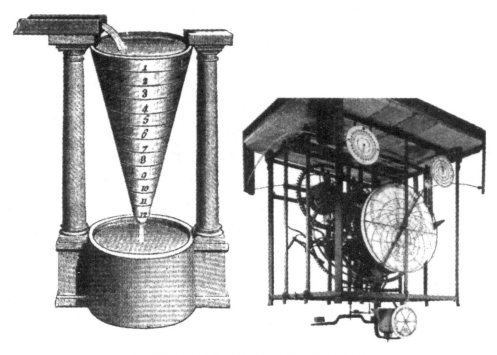

早期的水钟 14 世纪英国修道士制作的机械钟

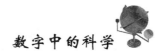

这一方法后来被希腊人及罗马人所继承。

历史上，古代东方和西方分别独立发明了日圭、日晷、刻漏和水钟等原始计时装置，通过观测日影的移动或水的滴漏来计量时间。古代中国人将每昼夜分为 12 个时辰，1 个时辰相当于今天的 2 个小时，每个时辰分作 8 刻，1 刻相当于现在的 15 分钟。

中世纪西方各国都将一天划分为 24 个小时，但计时起点不同。阿拉伯人从日出开始计时，意大利人从日落开始计时，法国和德国人从午夜开始计时，英国人则从正午开始计时。1283 年，英国工匠发明了利用重力驱动的机械钟。当时教会要求人们必须严格遵守所规定的祈祷时间，但直到 14 世纪中期，欧洲各国才在教会的协调下，统一规定从午夜开始计时。

1675 年，英国建立了格林尼治皇家天文台，使用新式时钟测量了恒星跨越天体子午线的准确时间。与以往仅使用六分仪测量天体角度的方法相比，新式时钟能够让海员更为精确地确定恒星的位置，准确测定船舶在茫茫大海中的经度。

到 17 世纪下半叶，航海业和欧洲城市商业的发展促进了计时设备的不断改进，人们发明了摆钟，并在钟表盘上首次标识了分和秒的刻度，每小时等分为 60 分，每分钟等分为 60 秒。18 世纪，法国曾大力推广十进制，将一天分为 10 小时，每小时 100 分钟，每分钟 100 秒，但仅仅实行了 1 年多便因人们的普遍反对而不得不废弃。

19 年世纪中期，由于铁路运输需要统一的时刻表来安排列车的运行，美国建立了第一个全国报时系统，以哈佛大学天文台的时钟为基准，通过电报随时向铁路公司告知精确的时间。随后，英国皇家天文台也开始了统一标准时间的报时服务。

1884 年，在美国首都华盛顿召开的国际子午线会议上，各国代表一致决定将地球划分为 24 个时区，每个时区 1 小时。由于当时全世界三分之二的海运船舶采用格林尼治时间进行导航计时，因此确定将经过英国格林尼治皇家天文台的零度经线作为本初子午线，在全世界范围建立了统一的标准时间。

"未来作战系统"排级无人机的续航时间

谁都无法否认，当今美军的武器装备是世界上最强大的。但美军仍不满足，不断运用最新高科技武装自己，最近又提出向数字化部队转型。未来的美军将会是什么样呢？

2000年2月，美国国防部为了贯彻网络中心战的作战理论，首次提出了"未来作战系统"的设想，即由多种系统集成的高度信息化的武器系统，以战场互联网为核心，将士兵与各种作战平台、火力支援系统、传感器和指挥控制系统等串联在一起，其中首次把单兵作为独立的武器系统。根据这一构想，"未来作战系统"中除了有人操控的新型武器装备外，还有一些无人武器系统平台，如无人值守地面传感器、无人导弹发射系统、智能弹药系统等。这些无人武器系统将目标探测、遥控、传感、定位等装置结合在一起，可以用多种方式投放到地面，自动通过网络向作战行动指挥部报告其位置，填补战场

美军士兵随身携带的无人侦察机

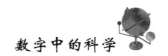

的间隙，有选择地攻击指定的敌方目标。

　　此外，美军还大力发展无人飞行器，用于提高战场感知能力和作战能力。每个排级作战单位都配备两架无人机和一个遥控装置，每架无人机重 5 k，可由单兵背负携行，能在复杂的城市和丛林地区垂直起降，进行侦察、监视和目标捕捉，续航时间为 60 min。连级作战单位配备数架更大的无人机，具备侦察、警戒、早期预警、全天时目标捕捉和指挥等功能，活动半径为 16 km，续航时间 2 h。营级作战单位配备的无人机续航时间为 6 h，活动半径为 40 km，除具备排级、连级无人机的功能外，还具备空中侦察、通信中继、探雷和气象预报等功能，可以指挥非直瞄火炮营对目标进行精确火力打击。旅级作战单位配备的大型无人机具备 24 h 的续航时间和 75 km 的活动半径，可执行大区域宽带通信中继、长航时持续监视、预警等任务，能够与有人驾驶飞机实现自动数据传输、远程探测生物和化学武器及核辐射。

　　"未来作战系统"中还拥有大量武装机器人与执行后勤任务的机器人，能够将探测器、传感器、武器和特种弹药部署到前沿或其他危险地域，探明敌方掩体、隧道及其他复杂地形中的障碍物，引导部队，并可执行远程侦察、扫雷、突击作战、防御、战场评估、通信中继、抢修与救援、后勤保障等各项任务。

　　以上装备目前很多已经完成研制并开始批量生产，第一批装备"未来作战系统"的美军"新轻旅"最快将于 2008 年出现。到 2014 年，美国陆军全部 48 个作战旅中将有 32 个旅装备"未来作战系统"。

美军在伊拉克战争中协同定位目标所需时间

　　近年来，计算机与互联网技术的飞速发展，促进了美国军事作战理论的变革。1997 年 4 月，美国海军作战部长首次提出"网络中心战"的概念，称在新的高技术时代，应该从以往的平台中心战法转变为网络中心战法，通过运用计算机和各种通信手段，实现各军种之间信息连接与兼容，从而将美军强大的信息优势转化为作战优势，获得优于对手的作战节奏，得以大大增加战胜对手的可能性。

　　所谓"网络中心战"就是以互联网技术为工具的电子商务模式在作战领

在网络中心的指挥官

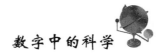

域的运用，其核心就是利用计算机信息网，将分布在广阔区域内的各种武器平台、探测和传感装置、指挥中心和各种武器系统作为节点，构建网络，做到资源共享，高效集成，从而实现战场态势的信息共享和武器的高效使用，即时地将秘密情报和作战计划发送给战场上的士兵，以保证美军能够更快更狠地打击隐藏的敌人。

网络中心战的效果在海湾战争、阿富汗战争和伊拉克战争中得到了充分的证实。特别是在伊拉克战争中，美军网络化优势表现得更加明显，使美军作战反应灵敏、兵力调动迅速。设在卡塔尔的美军中央司令部利用联合作战网络中心，统一指挥所有参战部队的作战行动，利用高效的信息处理系统，随时对所搜集到的信息进行审查和过滤，指挥官每隔几分钟就可收到一次新的战场形势报告，战场上的士兵装备有联网的个人微型电脑，可以及时快捷地了解战况和自己的作战任务。参战的陆、海、空三军指挥系统也都实现了联网，从而使卫星、侦察机和无人机获得的信息能够通过数据链实时传送到参战飞机和参战部队，对打击目标随时修订和更新。在 1991 年"沙漠风暴"行动中，美军协同定位一个目标需要 4 天时间，而在伊拉克战争中已缩短至45 分钟。

美军依靠多维一体的信息网络，牢牢掌握了战场信息优势，最终赢得了伊拉克战争，也使网络中心战这一新的信息作战样式得到了一致的肯定。美国联合部队司令部在《联合构想 2020》中提出，未来网络中心战的环境将是目前正在发展的自行形成、自行修复的"全球信息栅格"技术，包括发展天基激光通信系统和陆基多路光纤网，使信息能够在全球范围内分发，所有军人都将与网络实行无线连接，指挥员能够从多个来源接收信息，并利用网络迅速派遣军队和武器。网络上的每个战士，每个探测和传感装置、每个武器平台，甚至每一枚炸弹，都拥有自己的 IP 地址。飞行员不必再将导弹瞄准一个事先确定的目标，指挥部可以直接确定导弹的打击目标；导弹在执行任务的过程中还可以拍摄照片，同时把信息实时发送给网络。

A – Train 卫星编队首尾卫星相隔时间

　　每天下午 1 点多钟，在我们头顶上方 700 多千米高的地球近距离轨道，都会有"一串"卫星准时列队飞驶而过，用它们的"眼睛"不停地扫描着地面的一切，巡视着地球的一举一动。

　　之所以说它们是"一串"卫星，是因为它们一共有 5 颗，都采用了同一轨道倾角和同一轨道周期，飞行高度和速度都完全一样，按前后顺序排成一个整齐的队列，彼此间隔一般几分钟，有的只隔 15 秒，第一颗和最后一颗卫星只相隔 23 分钟的时间，次序井然，有条不紊。为了统一前进的步伐，每隔

A-Train 卫星编队

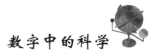

15 分钟，相互间还自动进行一次位置测定，以便保持队形整齐，就像一串由 5 节车厢组成的高速列车，沿着预定的路线，每天按照运行时刻表准时无误。科学家还给它们起了个好听的名字，叫做"A – Train 卫星编队"。

这 5 颗卫星按前后顺序分别是美国专门研究地球大气系统中水循环的卫星"阿卡"、美国与加拿大合作研制的"云卫星"、美国与法国合作研制的"卡里普索"（全称"云—气溶胶激光雷达和红外开拓者观测"）卫星、法国的"太阳伞"（全称"通过激光雷达观测大气的反射率极化和各向异性"）卫星和美国专门研究大气化学成分的"奥拉"卫星。到 2008 年，还将有一颗名为"轨道二氧化碳观测台"的卫星加入编队中，准备让它排在队列的头一名。所有这些卫星都有一个共同的名字，叫做"对地观测卫星"，它们的任务是共同监测全球环境变化，揭示地球大气层的奥秘，帮助人类更好地了解全球气候变暖的机制。

为了全面认识人类赖以生存的地球，美国于 1991 年开始执行"行星地球使命"计划和"对地观测系统"计划，将地球作为一个复杂的整体系统来研究，通过系列遥感卫星对地球进行连续和综合观测，了解全球尺度范围内整个地球系统及其组成部分和它们之间的相互作用及作用机理，稳定地获取有关地球大气圈、水圈、生物圈、岩石圈和人类圈的环境变化信息，认识它们之间复杂的能量交换和相互作用关系，研究确定全球环境和气候变化的程度、原因等，加深对自然过程如何影响人类和人类活动如何影响自然过程的理解，增强人类预报大气、气候变化和自然灾害监测的能力，预测未来 10 年到 100 年地球系统的变化及其对人类的影响。

"卫星编队飞行"的想法始于 20 世纪 90 年代，航天专家受计算机网络技术的启发，提出由若干颗执行不同任务的对地观测卫星编队飞行，用不同的观测仪器在同一时间内观测同一地面，将测量结果进行对比，可以取长补短，相互补充，协同工作，掌握全方位的环境变化信息；而且它们之间可以相互联系，共同承担信息处理、通信和有效载荷任务，构成一个大的"虚拟卫星"或卫星网络系统。

中子的平均寿命

现在连小学生都知道，原子核由质子和中子组成。当初人们是怎么发现中子的呢？

1919 年，英国科学家卢瑟福首次发现原子核中的质子。当时人们猜测，原子核是由电子和质子组成的，电子和质子碰到一起会发生湮灭，它们的质量会转化为 α 和 β 辐射能量。但卢瑟福不赞成这种观点。他认为原子核所带正电数与原子序数相等，而原子量却比原子序数大，这说明如果原子核仅由质子和电子组成，它的质量是不够的，因此原子核中可能还存在一种不带电荷的中性粒子。

1929 年，德国科学家波特在用 α 粒子轰击铍原子核时，发现产生了一种未知辐射，贯穿能力极强，能穿透几厘米厚的铅板。他误认为这是 γ 辐射。两年后，居里夫人的女儿和女婿约里奥·居里夫妇在用放射性钋源所产生的 α 射线轰击铍时发现，这种"铍辐射"居然能够将含氢物质中的质子撞击出来。但他们没有深究，错失了这一良机。

卢瑟福的学生查德威克重复了这一实验，发现所谓"铍辐射"其实是一

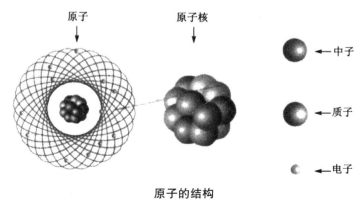

原子的结构

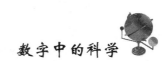

种高速不带电荷的粒子流。经过测量，发现它具有和质子几乎完全相同的质量，证明它就是卢瑟福所预言过的中性粒子，取命名为"中子"。

他发现除了铍在 α 粒子轰击下能发射中子外，硼、锂也能放射中子。由此可知，中子确是组成原子核的又一个重要粒子，它的平均寿命只有 17 分钟，然后就会放出电子变成其他粒子。查德威克因此项发现而荣获 1935 年诺贝尔物理学奖。

1932 年，德国青年物理学家海森堡根据物理学的一些原理，指出原子核里不可能有电子；他认为原子核是由质子和中子组成的，电子只在核外面运动。这种原子核模型很容易解释元素周期表和同位素，因而被科学界广泛接受，成为我们今天所熟知的常识。

意大利科学家费米对中子引起的核反应进行过不少研究，他在 1934 年成功地进行了以中子轰击方法产生人工放射性的实验，发现了慢中子效应，因此获得 1938 年诺贝尔物理学奖。1938 年，德国科学家哈恩等人发现中子会诱发核裂变，由此人们发现了原子核的结合能，最终导致 1942 年世界上第一座核反应堆的建成和原子弹的诞生。

中子辐射在其他方面也得到大量应用。科学家用反应堆或医用粒子加速器产生的中子束流治疗癌症病人，或用中子辐射方法产生人工放射性同位素，对病人进行放射性诊断和治疗，治愈了成千上万的肿瘤患者。此外，还出现了中子活化分析、中子掺杂生产半导体器件、中子辐照育种、中子探伤、中子照相、中子测井等先进技术，广泛应用于材料、生命科学、资源勘测、环境监测、农业增产等领域。

放射性同位素磷 30 的半衰期

19 世纪 90 年代，科学家首次发现铀、钍、镭、钋等元素具有天然放射性，它们在衰变过程中发射出粒子，其后自身转变成另外一种放射性元素，直至最终变成稳定的元素铅。

到 20 世纪 30 年代初，法国著名科学家居里夫人的女儿和女婿约里奥·居里夫妇当时正在巴黎镭学院放射性实验室从事研究工作。由于没有对"铍辐射"进行深入研究，他们错失了发现中子的良机。为此，他们总结了教训，重新开始对那些能够在 α 粒子轰击下发射中子的核反应过程进行系统研究。

在实验室工作的法国科学家约里奥·居里夫妇

他们发现，在用α粒子轰击铝的时候，铝原子核不仅能放射质子，也能放射中子，同时还发射一种不久前科学家刚刚从宇宙射线中发现的正电子，表明正电子不仅存在于宇宙射线中，也存在于地球上。

令人奇怪的是，铝原子核受到α粒子轰击时，如果将铅板放在α粒子源和铝片之间，阻断α粒子和铝原子核的反应，铝片仍然具有放射性，继续放射出正电子。经过深入研究，他们发现铝原子核在α粒子轰击下产生了两种不同的核反应过程，其中一种是发射质子后直接转变成稳定的硅30，另一种是先发射中子，变成一种人们在自然界中从未见过的放射性同位素磷30，随后再变成硅30。这是人类首次在实验室里通过核反应成功制造出一种自然界不存在的人工放射性同位素。由于这项发现，约里奥·居里夫妇荣获1935年诺贝尔化学奖。

以前人们只知道有天然放射性元素，它们都是位于元素周期表末尾的重元素，现在人们知道列在周期表前面的磷、硅等轻元素也可以有不稳定的放射性同位素，虽然它们在自然界并不存在，但可利用α粒子和中子等去轰击稳定元素人工制造出来。后来人们将具有相同质子数和相同中子数的同位素统称为"核素"。

不久，科学家们利用新发明的粒子加速器，可以大量产生各种人工放射性核素。目前已能够制造出1 600多种人工放射性核素，它们在现代工业、农业、医学、生物和冶金等领域得到了越来越广泛的应用。例如以放射性核素作为辐射源制成的料位计、厚度计、密度计等已广泛用于工业生产中高温、高压、易爆、有毒和腐蚀性的对象的测量控制，γ照相和中子照相装置用于金属容器、部件和管道的无损探伤。在农业上利用钴60或铯137等辐照装置人为地诱发突变，培育新的作物品种。利用放射性核素衰变时产生的能量制成温差发电装置，可用作海上航标、人造卫星和宇宙飞船等的电源。放射性核素示踪剂在医学和生物学研究中也有重要应用。

铀原子核的裂变碎片钡 137 的半衰期

20 世纪 30 年代，法国科学家约里奥·居里夫妇发现人工放射性，为研究原子核的科学家打开了新路。科学家们发明了各种类型的粒子加速器，用高速 α 粒子依次轰击周期表上的各种元素，几年内就制造出 400 多种人工放射性核素。

α 粒子实际上是带有正电荷的氦离子，在轰击原子核时因为同性电荷相斥，所以很难射中。意大利科学家费米决定采用中子作为"炮弹"，他把镭和铍均匀混合在一起，制成能够发射大量中子的镭—铍中子源，结果发现将近 60 多种被中子照射过的元素中，约有 40 多种能产生放射性核素。他还发现，周期表中原子序数大的重元素在被中子击中以后都不放出 α 粒子或质子，而是生成原来元素的放射性同位素，这些放射性同位素都放射 β 射线，也就是放射电子，然后变成原子序数增加 1 的另一种元素。

当时人们所知道的最重的元素是 92 号铀。费米想到，用这种办法可以人工制造元素周期表上 92 号以后的元素，即"超铀元素"，例如用中子轰击铀可以人工生成 93 号元素，然后再用中子轰击 93 号元素，就会生成 94 号元素，再轰击 94 号元素，又会生成 95 号元素……果然，铀被中子击中后开始放射几种不同能量的 β 射线，似乎表明铀已经变成几种新的放射性同位素。费米立即宣布，自己用人工方法制造出了原子序数分别是 93、94 和 95 的超铀元素。他因此获得了 1938 年诺贝尔物理学奖。

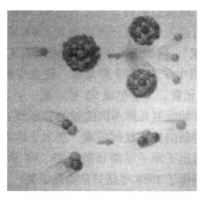

铀原子核被中子击中后分裂成大致相等的两部分，并放射出 2～3 个中子

很快，其他科学家便发现了费米的结论有误。德国物理化学家哈恩发现，铀俘获中子后所产生的新物质其性质与质量数几乎是铀的一半的钡极为相似。奥地利物理学家梅特涅提出了关于铀核裂变现象的解释，即由于铀核中有92个质子和146个中子，因此是一种很不稳定的原子核。一旦铀俘获了中子以后，由于受到中子带来的外来能量的扰动，结果使得铀原子核变形成为椭圆状，随后变为哑铃形，直到核内的电磁斥力把几乎相等的两部分从哑铃的颈部完全断裂开来，形成两个新的中等质量数的原子核，同时放射出 2 ~ 3 个中子。

此时人们才明白，原来费米并非制造了什么新元素，而是把铀原子分裂成大致相等的两块。与此同时，原子核中还释放出巨大的能量。此后，人类开始进入利用原子能的新时代。哈恩因此获得 1944 年诺贝尔物理学奖。

赖特兄弟飞机首次飞行时长

　　人类从远古时起就梦想着能够像鸟儿一样在天空翱翔，在古代东西方各民族都流传着许多关于"飞天"的传说。一些人曾尝试戴上用鸟的羽毛制成的"翅膀"，模仿鸟的动作，希望能够实现飞翔的愿望。15 世纪，意大利人达·芬奇根据鸟的飞行原理设计了一种扑翼机，人趴在上面，用手脚带动一对翅膀。

　　人们仔细观察鸟的各种飞行动作，发现鸟有时在空中不用扇动翅膀就可以作滑翔飞行。19 世纪中期，英国人凯利首次对飞行的原理、空气升力及机翼的角度、机身的形状等进行试验研究，并依据风筝和鸟的飞行原理，制成了世界上第一架载人滑翔机，可以携带一个小男孩飞离地面 2 m 多高。

　　1891 年，德国工程师利达尔制作了世界上第一架固定翼滑翔机，重量约 2 kg，很像展开双翼的蝙蝠。机翼长 7 m，用竹和藤做骨架，骨架上缝着布，

莱特兄弟制造的第一架双翼飞机

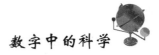

人的头和肩可从两机翼间钻入。此外，机上还装有尾翼。他把自己悬挂在机翼上，从 15 m 高的山冈上跃起，用身体的移动来控制飞行。滑翔机在气流作用下飞行了约 90 m。不幸的是，他在 1896 年一次试验中遇强风而坠机身亡。

19 世纪末，很多早期发明家都因飞行试验失事而丧命。当时有人断言，认为发明比空气重的飞行机器就像发明永动机一样，违反了科学定律，因此永远不可能实现。但这一切都动摇不了后来者继续试制飞机的决心。他们从前人的研究试验成果中得到启发，吸取了失败的宝贵教训。在这些人中就有美国的莱特兄弟。他们在制造和修理自行车的工作中掌握了大量机械和力学方面的实际知识，又自学研究了许多基础理论，并经常观察鸟的起飞和盘旋动作，将鸟类飞行时翼尖和翼边扭动的现象移植到飞机设计上，还制造了一个原始的风洞实验室，对各种飞机结构和翼型进行模拟实验，研究以往飞机不能升上天空的原因，然后重新改进设计新的翼型和推进器。经过前后 1 000 多次实验，最后终于制造出一架用轻质木材为骨架，帆布为基本材料，装有活动方向舵的双翼飞机，重 272 kg，配有一台自行制造的四汽缸汽油发动机和螺旋桨，取名为"飞行者号"。

1903 年 12 月 17 日，莱特兄弟驾驶"飞行者号"进行了首次试飞，在 12 s 内飞行了约 35 m。同一天，他们又接着试飞了 3 次，其中最好的一次持续了 59 s，飞行距离 260 m。尽管飞行的时间很短，距离很近，但它用事实打破了"比空气重的机器不能飞行"的断言，开辟了人类航空的新时代。

美国导弹防御系统热成像卫星
扫描地球表面的时间间隔

　　当一个优秀的短跑运动员跑完 100 m 的时候，美国导弹防御系统的卫星就已完成一次对地球表面的扫描。

　　美国导弹防御系统是目前最受争议的一种防御武器。在 20 世纪的冷战时期，为了取得对前苏联的军事优势，当时的美国里根政府于 1983 年 3 月提出了"战略防御倡议计划"，要求在 20 世纪末之前，在太空部署可攻击卫星和

导弹防御系统指挥中心

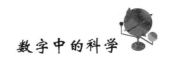

数字中的科学

来袭导弹的反弹道导弹系统。这项计划后被称作"星球大战"计划。

随着苏联解体和冷战结束，美国停止了"星球大战"计划，取而代之的是"国家导弹防御系统"和"战区导弹防御系统"，即在一个全球性的雷达与红外传感器网络引导下，利用导弹拦截敌方向美国发射的洲际弹道导弹。布什总统上台后加快了研制和部署全球导弹防御系统的步伐，宣布退出《反弹道导弹条约》，下令美军着手部署导弹防御系统。

依照美国的规划，导弹防御系统由陆基、海基、空基和天基拦截力量组成，对来袭导弹分升空阶段、飞行中段和飞行末段进行三阶段拦截。目前美国已在3.6万km高的地球同步轨道上部署了数颗热成像预警卫星，利用红外光谱每10 s扫描一次地球表面，能够观察到地球的任何地方的洲际弹道导弹发射情况。从导弹发射时喷出烟云到升空至大约10 km高度，最后直到4～5 min后火箭发动机燃料烧尽，都有遍及地球各地的预警卫星传送三维图像。

一旦预警卫星确定出洲际弹道导弹的大致位置，发射升空的拦截导弹必须在空间和时间上进行精确瞄准，以便它们能够自动寻找到导弹弹头。其中，陆基中段防御系统将使用陆基拦截导弹在来袭弹头弹道的中段通过直接碰撞摧毁敌方来袭的洲际弹道导弹。每枚拦截导弹都携带有一台望远镜和红外传感器，用来利用寻找洲际弹道导弹弹头目标，引导杀伤装置冲向目标，完成撞击过程。

在海基方面，主要是拦截敌方中短程导弹，美国的战略预警系统在发现来袭导弹的情况后，将指挥在海上巡航的"宙斯盾"驱逐舰和巡洋舰发射"标准3型"拦截导弹进行海上拦截，使来袭导弹在起飞阶段或飞行中段被摧毁。若海基拦截未能成功，或者敌方利用潜艇发动近距离导弹袭击，美军还将使用"爱国者3型"地空导弹对来袭导弹实施飞行末段拦截。

空基和天基方面的导弹防御力量目前还处于研发阶段，主要构想是通过机载或部署在外太空的激光武器，对来袭导弹进行拦截。

尽管迄今美国已进行了多次导弹拦截试验，但在实战中能否取得成功，连美国人自己也无法确定。

第一枚液体火箭飞行时长

早在公元 9 世纪初的唐朝，中国人就已发明了火药，并在 10 世纪的北宋时代，制造出爆竹、烟花和火药兵器。当时人们把装有火药的竹筒绑在箭杆上，点燃引火线后射出去，箭在飞行中借助火药燃烧向后喷出气体所产生的反作用力，使箭飞得更远，称为"火箭"。后来，据说曾有人坐在装有数十个火药筒的椅子上，双手各持一个大风筝，试图借助火箭的推力实现飞天的梦想。

这项发明随蒙古大军的西征传到了印度。18 世纪时，印度人曾用火箭来反抗英国人。此后，这项技术又传到了西方。在美国独立战争期间，英国人曾用火箭来进攻殖民者坚守的要塞。

20 世纪初，俄罗斯科学家齐奥尔科夫斯基最早提出利用火箭来探索高层大气和宇宙空间的设想和设计原理。但是第一个进行实验的则是美国人戈达德。1926 年，他成功地发射了一枚自己研制的液体燃料推进火箭，飞行时间为 2.5 s。

同一时期，德国科学家也在进行火箭试验。20 世纪 30 年代，德国军方组织科学家和工程技术人员集中力量秘密研制火箭武器。到 40 年代初，德国研制成功能用于实战的 V－2 导弹，这是一种用液体燃料火箭推进的弹道导弹。苏联、美国等则研制出火箭炮和反坦克火箭弹。

二战结束后，苏联和美国等竞相研制包括洲际弹道导弹在内的各种火箭武器，并大力发展运载火箭技术，用于发射人造卫星和载人飞船。美国在 20 世纪 60 年代研制的"土星 5 号"运载火箭，起飞质量约 2 930 t，运载能力为 127 t，是迄今为止人类制造的最大的火箭，完成了"阿波罗"系列载人飞船登月壮举。

中国于20世纪50年代开始研制新型火箭。1970年4月24日，用"长征1号"三级运载火箭成功地发射了第一颗人造地球卫星。1980年5月，向南太平洋海域成功地发射了远程导弹。到目前为止，我国共研制了12种不同类型的"长征"系列火箭，能够发射各种近地轨道、地球静止轨道和太阳同步轨道的卫星及"神舟"系列载人飞船，并建成了酒泉、西昌和太原三个航天发射中心。

火箭的基本组成部分有箭体、制导系统、推进系统和有效载荷，其中有效载荷包括人造卫星、飞船或空间探测器等航天器；箭体用来安装和连接火箭各个系统，并容纳推进剂；制导系统控制火箭的飞行，将火箭稳定而精确地导向目标；推进系统按其燃料特点，可分为化学火箭发动机、核火箭发动机、电火箭发动机和光子火箭发动机等。目前最常使用的是化学火箭发动机，它依靠固体或液体推进剂在燃烧室内进行化学反应释放出来的能量转化为火箭推力。此外，一些发达国家还在研制电火箭发动机，即利用电能把惰性气体电离，然后高速向后喷出，由此产生向前的推力。

美国运载"阿波罗号"飞船
登月的"土星5号"火箭

中国已成功地发射了不同
类型的"长征"系列火箭

第一部电影放映时长

电影是深受大众喜爱的一种现代观赏艺术。电影的发明起源于英国人罗吉特在 19 世纪初发现的视觉暂留现象，即人眼中的视觉成像会保持一段时间，长达若千分之一秒。照相术问世后，人们发现只要迅速地连续显示一系列照片，就能产生画面中的人物在运动的幻象。

1888 年，美国发明家马莱制造出世界上第一台固定底片连续照相机，这就是现代摄影机的鼻祖。同一年，英国人勒普林斯自行制作并播放了世界上第一部电影短片《花园奇景》，只有短短 2 秒钟。

1895 年 12 月 28 日，法国人卢米埃尔兄弟在巴黎卡普辛路 14 号大咖啡馆的地下室里，用自己制作的摄影放映两用机首次放映了他们拍摄的几部电影短片，包括《工厂的大门》、《拆墙》、《婴儿喝汤》和《火车到站》等，标志着电影的正式诞生。

美国著名发明家爱迪生对电影的早期发展做出重要贡献。他首次采用长条形的胶片拍摄下一连串的影像，然后以大约每幅 1/16 秒的速度放映，放映机用闪光将它们依次投射到屏幕上。

1896 年，电影传入中国，最早由法国商人在上海徐园茶楼内放映"西洋影戏"。1905 年秋，由北京丰泰照相馆与京剧名角谭鑫培合作拍摄京剧片断《定军山》，成为中国人摄制的第一部影片。

早期的电影都是无声的。1926 年，美国华纳公司根据电话和留声机的原理，发明了一种在胶片上录音的技术，当年拍摄的《唐·璜》成为世界上第一部有声电影。同一年，出现了最早的彩色电影《光荣历险记》，但它采用的是将拍摄后的黑白底片分别染色的方法。世界上第一部真正用彩色胶片成像的电影是美国在 1935 年拍摄的《浮华世界》。

到了 20 世纪 50 年代，出现了宽银幕电影。70 年代多声道录音技术和杜比系统的兴起，极大改进了电影音响的效果。80 年代又出现了立体电影。进入 90 年代以后，电影逐步进入了全新的数字时代，美国迪斯尼公司发行的电影史上第一部三维动画片《玩具总动员》，全部是在电脑上制作完成的；接着，又制作出首部无胶片数字电影《玩具总动员续集》。

近年来，电影从拍摄、特技效果到后期剪辑处理全部采用数字化技术，甚至可以取代专业演员。影片的拷贝、发行和放映也都完全数字化，通过网络或卫星直接传送到电影院，不仅大大降低了发行成本，而且可以充分确保画面清晰，没有任何抖动与闪烁，更好地展现视听效果，同时不会磨损，可以无数次地反复放映。

早期的电影摄影机

早期的电影放映机

铯 133 原子基态两个能级间跃迁所对应辐射的 9 192 631 770 个周期的持续时间

中国是世界上最早发明计时器的国家之一。早在公元 1088 年，当时宋朝的苏颂和韩工廉等人制造了水运仪象台，它是把浑仪、浑象和机械计时器组合起来的装置，可以进行天文观测、模拟天体作同步演示、计时和报时。最早的机械钟是由欧洲工匠发明的，利用绳索悬挂重锤，拉动一系列齿轮，带动时针转动。

16 世纪末，著名科学家伽利略通过观察教堂吊灯的摆动，总结出摆的等时性原理，荷兰科学家惠更斯应用该原理设计制造出最早的摆钟。当时机械钟的误差普遍为每天 15 min，而摆钟的误差则为每周大约1 min。惠更斯后来又以铁制的发条为动力，用游丝取代钟摆，制成每天误差不超过 1 min 的小型钟表。

17 世纪，英国人发明了锚形擒纵轮，使得钟摆能以很小的摆幅摆动，并因此推出了一种新型的落地式时钟。到 18 世纪，家用钟表已越来越普及。19 世纪，欧洲和美国开始采用工业方法批量生产钟表，逐渐成为普通大众的日用品。

与此同时，很多科学仪器需要高度精确的计时。19 世纪末，德国人莱夫勒设计出一种全新的高精度校准仪，用作检验其他时钟的标准计时仪器，被安放在半真空容器内以减小大气压力和温度变化的影响，误差为每天 0.1 s。

20 世纪初，科学家又发明了放置在真空容器中的计时仪，利用电磁脉冲进行校准，精度达到每年误差不超过 1 s。1928 年，美国贝尔实验室的工程师发明了用水晶振子作为频率源的石英钟，误差仅为每天千分之二秒。到 40 年代末，石英钟的精确度提高到每 30 年误差为 1 s。

此后，美国科学家又研制出更为精确的原子钟，利用原子在两个能态之间的周期性振荡作为频率源。如今，铯原子钟已成为全球统一时间的标准计时钟，精度达到每天误差不超过十亿分之一秒。

直到 20 世纪中叶，人们一直以地球自转的周期 24 小时作为时间的计量基准，这就是所谓的"平太阳日"，1 s 等于 1/86 400 平太阳日。铯原子钟的问世让人们发现，原来地球的自转速度并不均匀，每年都会减慢，因此需要重新确定时间标准。1967 年，第 13 届国际计量大会重新规定了时间单位的定义：1 s 是铯 133 原子基态的两个超精细能级之间跃迁所对应的辐射的 9 192 631 770 个周期的持续时间。

为了将铯原子钟确定的标准时间与基于地球自转的天文时间相统一，世界标准时间组织从 1972 年起采用一个方法，即每隔几年将标准计时钟向前拨快 1 s，即所谓的"闰秒"。

1889 年德国工程师莱夫勒设计的高精度校准仪，精度达到每天误差值仅为 0.1 s。

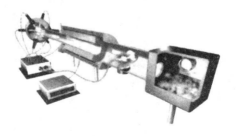

铯原子钟

疼痛传到大脑的时间

机体受到伤害性刺激时，往往产生痛觉。痛觉是一种复杂的感觉，常伴有不愉快的情绪活动和防卫反应，这对于保护机体是重要的。疼痛又常是许多疾病的一种症状，因此在临床上引起很大注意。

痛包含两种成分：痛觉和痛反应。痛觉是一种内在的感受和体验，每一个"觉得痛"的人，都能根据他过去的经验诉说痛的存在以及痛的性质、强度、范围和持续时间，但很难确切地加以描述。痛反应是指致痛刺激引起的躯体和内脏活动变化以及逃避、反抗等一系列的行为表现。从生物学的角度看，痛是一种保护性、防御性的机能，它警告机体正在遭受某种伤害性刺激，并促使机体摆脱这种刺激的继续伤害。

致痛刺激是多种多样的。但它们具有共同的特点，即都导致组织细胞的损伤破坏，结果便释放出某些致痛物质，如钾离子、氢离子、血浆激肽等，

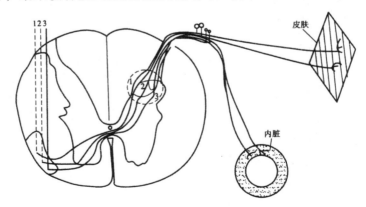

图　牵涉痛产生机制示意图
1. 传导体表感觉的后角细胞
2. 传导体表和内脏感觉共用的后角细胞
3. 传导内脏感觉的后角细胞

进而作用分布在损伤区的感受器。作为一个已被广泛接受的概念，痛感受器乃是遍布全身各处的某些游离神经末梢。当然，绝非所有的游离神经末梢都是痛感受器。痛感受器可将不同能量形式（例如机械、化学、温度）的致痛刺激转换为具有一定编码形式的神经冲动，后者沿神经纤维传向中枢神经系统。当痛刺激作用于皮肤时，可出现性质不同的两种痛觉，即快痛和慢痛。先出现一种尖锐的、定位比较清楚的刺痛，又称快痛，刺激作用后立即发生，停止刺激后很快消失；接着是一种定位不甚清楚的灼痛，又称慢痛，通常是在施加刺激后 0.5 s 才感觉到，停止刺激后还能持续数秒钟，并伴有情绪及心血管和呼吸活动的变化。

一般认为痛觉的感受器是游离神经末梢。引起痛觉不需要特殊的适宜刺激，任何形式的刺激只要达到一定强度有可能或已造成组织损伤时，都能引起痛觉，但其机制还不清楚。有人认为，这种游离神经末梢是一种化学感受器，当各种伤害性刺激作用时首先引致组织内释放某种致痛物质，然后作用于游离神经末梢产生痛觉传入冲动，进入中枢引起痛觉。

根据现代神经解剖学和生理学的看法，痛信息经由多条通路由脊髓上升入脑，由于这些不同通路的共同活动和脑的各级水平的分析处理，最后产生疼痛。

痛觉的中枢传导通路比较复杂。痛觉传入纤维进入脊髓后，再经脊髓上行抵达脑。此外，痛觉传入冲动还在脊髓内弥散上行，沿脊髓网状纤维、脊髓中脑纤维和脊髓丘脑内侧部纤维，抵达脑干网状结构、丘脑内侧部和边缘系统，引起痛的情绪反应。

最早电视机荧光屏显示一幅画面的时间

我们每天都要看电视，用来了解外界信息和日常娱乐。电视是如何发明的呢？

早在 19 世纪，科学家就在研究如何用电来传送图像。1850 年，英国人巴克韦尔研制了一种能够传输字迹和线条图的电传系统。他用不导电的墨水在金属片上书写或绘图，然后将金属片卷在滚筒上，并用几根金属针缓慢地顺着滚筒对金属片上的图形进行螺旋式扫描。金属针与电路相连，把字迹或图形变成电流脉冲传送到远处的接收端，那里也有一个以同样速度旋转的滚筒，上面卷着一张电敏纸，传送来的电流脉冲会在上面留下印记，再现出原来的字迹或图形。这就是最早的传真机。

20 世纪初，法国人贝兰经过多年研究，将一束细窄的光线从左到右，一行一行地迅速扫描过照片底片，投射出一连串明暗度连续变化的光束。底版下面的光电管接收后就会相应产生一股强弱变化的电流，通过导线送到接收

英国人贝尔德发现的电视 20 世纪 40 年代的电视机

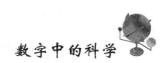

端后，再按相反的程序就可复制出原来的照片图像。利用这种原理，贝兰制成了第一部照片传真机。

传真机传送的只是一幅图像。能不能让它传送一连串图像，像放映电影一样让这些图像"活动"起来呢？要做到这一点，必须对所要发送的图像进行快速扫描，同时转化为连续的电脉冲信号。1908 年，英国工程师斯温顿提出，将阴极射线管不仅用于接收，而且用于发射。这种特殊的阴极射线管的屏由很多光敏元件组合而成，将需要发送的图像投影到屏上，用阴极射线束对光敏元件产生的电荷进行扫描放电，这就是电视摄像管的雏形。

英国发明家贝尔德在 1925 年制成世界上第一台采用电子管放大器的电视机，能够接收无线电发射的图像信号，用阴极射线管显现图像。电子束在电极的控制下不断改变方向，在荧光屏上从左到右依次扫过 80 条水平线，每条线都比前一条稍微低一些，只需要 0.2 s 的时间就可在荧光屏上显示一幅图像。虽然任何时刻在屏上都只有一个点在发光，但由于视觉暂留作用，在人眼中就能构成连续活动的图像。尽管这些图像很不清晰而且摇晃不定，但它的诞生标志着"电视时代"的开始。

20 世纪 30 年代，科学家改进了电子摄像管和显像管，将图像的扫描线提高到 450 条，极大提高了电视画面的分辨率，电视开始逐渐进入普通家庭。20 世纪 50 年代中期，又出现了彩色电视，原理是在荧光屏上使用三种荧光物质，它们受到电子束轰击后能分别发出红、绿、蓝三色的荧光。此后，立体电视、数字电视、卫星接收电视、高清晰度电视、等离子电视、平板液晶电视、互联网电视等新的技术层出不穷，电视机也成了我们日常生活中不可缺少的用品。

蚊子振动翅膀 1 次的时间

蚊子是一种众所周知的会飞的吸血昆虫，人们甚至会觉得它有些可怕，因为它叮人并且传播疾病。世界上蚊子的种类大约有 2 500 种，北美有 150 种以上。

蚊子通常都生活在靠近水源的地方，因为它的幼虫必须在水中生长，无论是流动的小溪还是盆中的积水都是它们生长的好地方。蚊子的生命因种类的不同而不同，在两周到几个月之间。一些种类在 10℃ 以下的气温下还能冬眠，但其他种类在这样的低温下则不能存活。

只有雌性蚊子叮人，雄性蚊子不会。雌蚊叮咬的原因是它们需要血液来培育其虫卵。蚊子每次产卵都叮咬一次，一只雌蚊子一生可以产好几次卵，而一年之中蚊子可繁衍到好几代之多。雌蚊和雄蚊的主要食物都是花蜜、植物或果实的液体。

人和其他哺乳动物都会吸引蚊子，这是由呼出的二氧化碳所致。当然也有其他原因，如体味、体热、汗液，有时还跟香水、除臭剂、清洁剂等有关。

然而，蚊子的叮咬不单会让人搔痒和心烦，真正的威胁是它还携带和传播多种危险的疾病，人类有疟疾、黄热病、脑炎及西尼罗河病，对于犬类会引起犬恶丝虫，还会使马患东部马脑炎。因此，全世界为控制蚊子的数量都采取了很多的措施。

蚊子的幼虫，又名孑孓

0.02 秒，在这样短促的时间里能够做些什么事情呢？能够做的事情多得很！是的，火车在这一点点时间里只能跑 60 cm，可是声音就能够走 66 cm，超音速飞机大约能够飞出 1 000 cm；至于地球，它可以在千分之一秒里绕太阳转 60 m，而光呢，可以走 6 000 km。

在我们四周生活着的微小生物，假如它们会思想，大概它们不会把 0.02 s 当做"无所谓"的一段时间。对于一些小昆虫来说，这个时间就很可以察觉出来。一只蚊子，在 0.02 s 之内可以振动它的翅膀 1 次。

人类自然不可能把自己的器官做出像昆虫那样快的动作。我们最快的一个动作是"眨眼"，就是所谓"转瞬"或"一瞬"的本来意思。这个动作进行得非常之快，使我们连眼前暂时被遮暗都不会觉察到。但是，很少人知道这个所谓无比快的动作，假如用 0.02 s 做单位来测量的话，却是进行得相当缓慢的。"转瞬"的全部时间，根据精确的测量，平均是 0.4 s，也就是 400 个千分之一秒。它可以分做几步动作；上眼皮垂下（75 ~ 90 个千分之一秒），上眼皮垂下以后静止不动（130 ~ 170 个千分之一秒），以后上眼皮再抬起（大约 170 个千分之一秒）。这样你可以知道，所谓"一瞬"其实是花了一个相当长的时间的，这其间眼皮甚至还来得及做一个小小的休息。所以，假如我们能够分别察觉在每千分之一秒里所发生的景象，那么我们便可以在眼睛的"一瞬"间看到眼皮的两次移动以及这两次移动之间的静止情形了。

人工合成的 118 号超重元素的寿命

我们学校课本的元素周期表上共有 109 种化学元素，其实并不只这些，目前已发现了 118 种。但这肯定不是全部。你可能要问，自然界究竟有多少种元素呢？

答案是：不知道！

20 世纪初期，人们找遍了天上地下，总共发现了 88 种元素。而根据改进后的门捷列夫元素周期表，自然界中至少存在 92 种元素。正当人们苦苦搜寻却一无所获时，物理学家却在实验室中利用 α 粒子和质子轰击各种原子核，接二连三地制造出了许多人工新元素，包括人们正在寻找的 43 号元素锝、87 号元素钫、85 号元素砹和 61 号元素钷。

不过，新问题也来了。1940 年，美国科学家麦克米伦等人在用中子轰击铀时，核裂变放出的中子把铀原子转变成了原子序数更大的元素，即 93 号元素镎。同年，另一位美国科学家西博格用回旋加速器加速的氘原子轰击铀，得到了 94 号元素钚。他们因此而获得 1951 年诺贝尔物理学奖。

看来元素并不止 92 种。现在人们考虑的是究竟还有多少种尚未发现的新元素？元素周期表到底有没有尽头？

此后数年间，科学家利用人工方法，先后制得 95 号元素镅、96 号元素

氪-86 ＋ 铅-208 → 聚变 → 聚变以后的新核 → 第118号元素 中子

118 号超重元素的合成过程

锔、97 号元素锫和 98 号元素锎。1952 年，科学家们在第一颗氢弹爆炸后的碎片里检测到 99 号元素锿和 100 号元素镄。不久，科学家又用中子轰击锿制成 101 号元素钔。接着，又制成了 102 号元素锘。

1969—2006 年，美国劳伦斯·利弗莫尔国家实验室和俄罗斯杜布纳联合原子核研究所的科学家们通过大型粒子加速器，用较重的离子去轰击各种元素的同位素，进一步合成了第 104～118 号新元素。

在制造新元素的过程中，每一步都比前一步更艰难。因为这些人造放射性元素存在的时间都很短，很快就会衰变成另一种元素。例如 118 号元素存在的时间只有 0.9 ms，然后迅速衰变为 116 号元素，1 ms 后又变成 114 号元素，接着又变成 112 号元素，最后分裂成两半。

这些人工合成的新元素大多没有正式的名字，也没有列入常见的元素周期表中。科学家费那么大的劲去制造它们，究竟有什么用处呢？

的确，产生这些新元素需要特殊的条件，包括极高温度和极大能量。甚至可以比较肯定地说，这些新元素以往从未在地球上出现过。科学家通过人工合成的过程，是希望更深入地了解化学元素究竟是怎么起源的。我们现在知道，宇宙"大爆炸"时所形成的元素只有氢和氦，其他元素都是后来在巨大恒星的热核中心产生的。当这颗恒星衰老后变为超新星时，这些元素被抛入太空，成为宇宙尘埃散布到各处，最后作为太阳原始星云物质而来到地球。

你没想到吧？地球上的所有元素，几乎都来自数十亿年，甚至更久以前某颗不知名的已死亡的恒星。

高速摄影时的曝光时间

照相机能够记录影像，为人们留住美好的回忆。它的发明要追溯到古代，那时人们发现，当光线穿过小孔进入暗室时，会形成室外场景的暗淡的倒立像。16 世纪的欧洲画家利用这一原理，把白纸挂在墙壁上，依照倒映着的线条复描，当画家移动挂在墙壁上的白纸与小孔的距离，便可将倒映在白纸上的图像放大或缩小，解决了当时复描图画的难题。

17 世纪末，有人利用小孔成像的原理制成一个暗箱，箱上装了一块凸透镜以代替小孔，箱子的另一头装了一块磨花了的平板玻璃，凸透镜把投射进来的影像聚焦在平板玻璃上，人们用画笔描绘倒映在玻璃上的各种景色。

但是用画笔来描绘毕竟很麻烦，如果能自动显出影像就好了。19 世纪初，法国人涅普斯发现沥青被太阳晒后会变色，便将沥青溶于薄荷油中制成溶液，然后涂在平板玻璃上，曝光后浸在煤油中，待薄荷油溶于煤油后，平板玻璃上便显出沥青留下的影像，不过这种影像十分模糊。

18 世纪初人们利用小孔成像原理制成的观景暗箱（老式照相机）

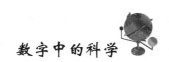

数字中的科学

　　后来，法国画家达盖尔在玻璃板上涂一层含有碘化银的感光乳剂，成像时光线使碘化银发生化学反应，像上各点反应的程度与光照的强度成正比，便在乳剂上形成永久性的影像。显影时，化学显影剂将受到光照而发生反应的银化合物转变为金属银，转变的程度也与光的强度成正比。然后将未经反应的碘化银溶解掉，就得到了"底片"。晒印时透过底片的光线将黑、白负像颠倒过来，就得到了正像的照片。

　　早期拍摄一幅照片需要很长时间。1871年，美国人伊斯特曼发明了明胶干版法，用溴化银代替碘化银涂在玻璃片上制成干版，可以大大提高感光度，曝光时间缩短为几分之一秒甚至更短的时间。为了控制曝光时间的长短，人们在照相机中装上了快门，以后又改进了镜头、光圈、机身等部件。

　　20世纪初，法国物理学家李普曼发明了彩色照相方法，他因此获得了1908年诺贝尔物理学奖。但实用的彩色照相术直到20世纪30年代才发展起来，人们将拍照后的胶片进行三次显影，分别使红、绿、蓝三色的染料沉积在底片上，令彩色照片上的每一点都由红、绿、蓝色按一定比例组合而成，人眼看到这些组合颜色后就能产生从红到紫全部颜色的感觉。20世纪50年代，科学家发明了新的彩色摄影方法，利用通过滤光镜得到的绿光和红光或另两种适当的色光组合成全色的影像，利用加入胶片中的感光剂自动显影。

　　20世纪80年代以来，人们给照相机装上光电子器件，可以自动调节镜头焦距和转动胶片的微型电动机以及微电脑控制芯片，能够自动感光并调节光圈大小和快门速度及对准焦距，称为全自动照相机。后来又出现了采用电荷耦合器件替代感光胶卷的数码相机。目前普通照相机的最短曝光时间可以达到0.25 ms，专门用途的特种照相机高速摄影时的曝光时间只有1 μs。

119

正电子的存在时间

很多人可能不知道，自然界中除了我们熟知的电子外，还存在另一种质量与其完全相同，而电荷却相反的电子，叫做"正电子"。它的发现很有戏剧性。

19 世纪末，英国科学家汤姆逊首次发现阴极射线其实是一种带电粒子束流，后来人们称这种带电粒子为"电子"。科学家们对电子进行深入研究时注意到这样一个现象，即带电物体无法一直保持所带电荷，于是推想一定有某种东西会让空气中的气体分子电离而导电，使电荷慢慢消逝。20 世纪初，奥地利物理学家汉斯乘气球飞到高空，发现导致气体分子电离的东西是来自太空的一种辐射。后人将此称为"宇宙线"。

1928 年，英国理论物理学家狄拉克根据量子力学原理，对爱因斯坦著名的质能转换方程做了修改，认为其中的"质量"可以有负属性，由此提出了电子的相对论性运动方程，也称狄拉克方程。

狄拉克认为，无论什么时候从纯能量产生的物质和反物质，都是以粒子和反粒子对的形式出现的，每一种物质粒子有一个与之相对的反粒子。当正、反粒子相遇时，它们会立刻相互抵消掉，称为"湮没"，即又转变成能量。也就是说，自然界中除带有负电荷的电子外，还存在带有正电荷的"反电子"。如果让反电子单独存在，它会和电子一样稳定并能无限久地存在下去。但因为它

美国物理学家安德森

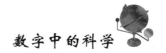

产生在一个充满电子的世界里，当反电子单独出现时，转瞬间便会与邻近的电子相结合而湮没，只留下 γ 射线。

由于狄拉克的理论过于深奥，其他人对他的观点半信半疑。就在这时，年仅 27 岁的美国科学家安德森对宇宙线进行深入研究，发现宇宙线的能量很高，很像 γ 射线，可以穿过较薄的铅板，并从铅原子中击出一些粒子，其中有一个粒子的轨迹在强磁场的作用下和电子的轨迹完全一样，但偏转的方向却与电子完全相反。也就是说，这是一种质量与电子相同，而电荷却与电子相反的新粒子，安德森称之为"正电子"。

这正是狄拉克所预言的"反电子"。实际上，安德森观测到的是与湮没相反的现象，即 γ 射线突然消失，转化成一对正、反电子。这一发现首次证实了质能可以相互转化的理论，立即在科学界引起轰动。

不久，约里奥·居里夫妇在人工核反应实验中也发现了正电子。1951 年，美国物理学家道伊契通过实验证明，由电子与正电子组成的系统围绕着一个共同的力心互相绕行，存在时间为 10^{-7}s。这些发现进一步肯定了反粒子的存在，引导科学家们逐渐深入探索反物质之谜。

狄拉克和安德森分别获得 1933 年和 1936 年诺贝尔物理奖。

反质子存在的时间

正电子的发现引发了科学家们对反物质的兴趣。

所谓反物质就是普通物质的相反状态。科学家们认为，物质是在宇宙诞生之初由巨大能量从虚无的真空产生的，按照物理学中的等效真空理论，正、反物质的数量应该是相等的，只有这样，当它们相遇时双方才会相互湮灭，重新转化为能量。只是后来由于某种原因，导致正物质数量多于反物质，再加上有的反物质难于被观测，所以在我们看来，当今世界主要是由正物质构成的。例如我们日常所接触到的原子都是由带负电的电子和带正电的原子核组成，很难遇到由带正电的正电子和带负电的原子核组成的反原子。

1955 年，美国科学家西格雷和张伯伦用高能粒子加速器加速质子，轰击铜靶，首次"捕捉"到反质子。它们的质量与质子完全相同，但携带的电荷正好相反。与正电子一样，反质子也是一瞬即逝，仅存在了 4×10^{-8} s，就同原子核内带正电的质子相结合而湮没，转化成 γ 射线和一些较小粒子，因此要辨认出它们很不容易。每产生一个反质子，就会出现 4 万个其他粒子。西格雷和张伯伦精心地设计配置了各种探测器，最终辨认出反质子。他们二人因此荣获了 1959 年诺贝尔物理学奖。此后，科学家们又陆续发现了反 μ 子、反 π 介子、反中微子等其他反物质。

反物质在地球上非常罕见，只有部分放射性物质在衰变时发射出正电子。另外，偶尔有少量反质子夹杂在来自遥远星系的宇宙线中从天而降，这些高能宇宙线击中大气层中的原子时所引起的粒子簇射也会产生微量的反粒子。

那么，在宇宙中是否有大量反物质呢？天上有没有反恒星或反星系呢？这个问题目前还没有答案，因为光子是中性粒子，正、反恒星发出的光都是一样的，天文学家无法通过光谱、射电、X 射线或 γ 射线来分辨远处恒星是否由反物质组成，而反中微子又几乎不与任何物质相互作用，很难探测到它们。不过，科学家已通过反证法确认，包括银河系以及超星系团在内的大约距地球 1 亿光年的空间范围内都是由正物质组成的，没有反物质天体存在，否则我们就会观测到湮灭过程产生的强烈 γ 射线。但天文学家注意到，在宇宙更遥远的地方有许多很强的 γ 射线源，也许那里聚集着反恒星或反星系，夹杂着反质子的宇宙线可能就来自那里。

由于受大气干扰，在地面上很难探测到反物质，因此科学家们把探测仪器搬上国际空间站，做更进一步的数据采集，其中就有中国科学家制造的 α 磁谱仪。如果能从宇宙线中观测到哪怕只有一个反 α 粒子，就能够证明宇宙中存在反物质天体。

西格雷

张伯伦

τ 子寿命

20 世纪 30 年代，科学家们已先后发现了电子、质子、中子和中微子等几种物质粒子。当时很多人猜测，它们是否就是构成大千世界的所有基本粒子呢？

1935 年，日本物理学家汤川秀树提出用来解释原子核内作用力的介子理论，并预言自然界中存在一种传播核力的粒子即介子，它的质量处于电子和质子之间。

两年后，曾发现正电子的美国科学家安德森在宇宙线中发现一种比电子约重 200 倍的新的粒子，带有正电荷或负电荷。当时大家都认为这就是汤川秀树所预言的介子，将它起名为"μ 介子"。后来发现，它的性质与介子完全不同，只是介子衰变后的产物，因此改称"μ 子"。

科学家发现，μ 子很不稳定，它的平均寿命约为 2 μs，然后便衰变成电子、中微子和反中微子。带有负电荷的 μ 子（称负 μ 子）与带有正电荷的 μ 子（称正 μ 子）相遇时会发生湮灭，表明正 μ 子是负 μ 子的反粒子。

由于 μ 子与电子和中微子只参与基本粒子之间的弱相互作用、电磁力和引力作用，而不参与强相互作用，后来科学家们便将它们统称为"轻子"，以区分质子、中子之类参与强相互作用的粒子，并将后者统称为"强子"。

佩尔

1975 年，美国科学家佩尔等人利用加速器做物理实验，发现正负电子对撞后产生一种类似 μ 子的新物质粒子，起名为 "τ 子"。它的质量很重，是质子的 1.8 倍，平均寿命约为 10^{-13} 秒，属于第三代粒子，其他性质几乎与 μ 子一模一样。因为它也不参与原子核的强相互作用，尽管它比一般的强子还要重，但仍按其性质归在轻子类。佩尔因此获得 1995 年诺贝尔物理学奖。

根据科学家最新研究结果，所有构成世界万物的基本物质粒子只有夸克和轻子两类，它们分为三个世代。第一代是上夸克和下夸克、电子及电子中微子；第二代是粲夸克和奇夸克、μ 子及 μ 子中微子；第三代是顶夸克和底夸克、τ 子及 τ 子中微子。其中每一种粒子都有自己的反粒子。所有我们平常看到的普通物质都是由第一代的粒子所组成，第二及第三代粒子只能在高能量实验室中制造出来，而且会在极短时间内衰变成第一代粒子。每一代的 4 种粒子与另一代相对应的 4 种粒子性质几乎一样，唯一的区别就是它们的质量及稳定性。轻子与夸克的不同之处在于它们缺少一种叫 "色" 的性质，所以它们的作用力（包括弱相互作用、引力和电磁力）会随距离增加变得越来越弱。相反，夸克间的强相互作用力会随距离增加而增强。

π介子平均寿命

我们在学校里学过，质子和中子组成原子核，原子核与电子构成原子，原子组成分子，分子构成世界万物。但你有没有想过，它们是怎么维系在一起的？

大约 70 多年前，同样的问题也在困扰着科学家们。当时人们只知道自然界存在万有引力和电磁力。人们通过实验发现，分子和分子之间，原子和原子之间，以及原子核和电子之间的作用力都可以用电磁力来解释，即正负电荷之间的相互吸引力。但是对于原子核来说，电磁力就不够了，因为原子核内仅有的带电粒子就是质子，这些同带正电荷的质子聚在原子核内时彼此会强烈地相互排斥。

一个结合得很紧的分子，只要用 10 多 eV 的能量就可以把组成它的各个原子分开；但如果想把原子核内的质子和中子分开，至少需要 200 万 eV 的能量。按理说原子核内各粒子间的距离要比分子内各原子间的距离小得多，这表明其中必定存在一种比电磁力至少强 100 多倍的力量，人们给它起名为"核力"。这种力量不像电磁力和引力，属于一种短程力，尽管在原子核内非常强，但是在核外却几乎等于零。

1932 年，德国物理学家海森堡分析了核力的性质，提出质子之间可以通过交换一种特殊粒子来使自身运动，以使动量守恒，好像它们之间有一种作用力。也就是说，这种特殊粒子与人们通常所说的"物质粒子"不

日本物理学家汤川秀树

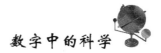

同，它是一种仅负责传递力的"作用力粒子"，也称"传播粒子"或"媒介粒子"。

几年后，日本物理学家汤川秀树根据数学分析结果，论证了这种特殊粒子的存在。他认为作用力粒子必须具有质量才可以产生力场。核力作用距离越短，说明这种粒子的质量越大。所以它的质量处在质子和电子之间，约为 200~300 个电子质量那么大。

1947 年，英国科学家鲍威尔在研究宇宙线留下的径迹时，发现一个质量是电子的 273.3 倍的新粒子。人们给它起名为"π 介子"，意思是质量介于质子和电子之间的粒子。它正是汤川秀树所预言的作用力粒子。

人们后来发现，有些 π 介子带有正、负电荷，有些是中性的。带正电荷的 π 介子起着质子间"交换力"的作用，而带负电荷的 π 介子则起着反质子和反中子间的"交换力"作用。这两种介子的寿命都很短，大约在 10^{-14} s 后就衰变成 μ 子和 μ 子中微子，然后进一步衰变成电子和电子中微子。

以后，科学家们又陆续发现了 K 介子、ρ 介子和 ω 介子等。这些介子都比 π 介子重，也都不能稳定存在，经历很短的时间后即转变为别的基本粒子。科学家们还利用高能加速器使粒子相互碰撞，从中又发现了一些新的介子。

海森堡因在量子力学方面的贡献而获得 1932 年诺贝尔物理学奖，汤川秀树因提出核子的介子理论获得 1949 年诺贝尔物理学奖，鲍威尔因发现 π 介子而获得 1950 年诺贝尔物理学奖。

电子在能级之间跃迁的时间

人们常用"一眨眼的工夫"来形容时间的短暂。根据测定，人类每次眨眼的时间约为 0.4 s，这确实是一个非常短暂的时间间隙，但却远不是最短的。利用每秒可拍摄连续上百万幅甚至拍摄数亿幅画面的超高速摄影机以及最新的测量仪器，科学家们了解了许多在很短的时间内发生的科技与自然现象。

例如，为 A 到中 C 定调的调音叉振动一次的时间为 0.25 s，一次闪电的

20 世纪 60 年代初出现的
氢原子微波射器钟

整个持续时间约 0.2 s，人类的耳朵分辨声音的时间为 0.1 s；蜜蜂拍打一下翅膀的时间约为 5 ms，月亮每年环绕地球一圈的时间要延长2 ms，普通照相机的最短曝光时间为 1 ms，2006 年发现的 118 号元素在衰变前的存在时间只有 0.9 ms。

人能够听到的最高频率的声音周期为 33 μs，CD 音乐的采样间隔为22.7 μs，炸药在它的引信烧完之后大约 24 μs 开始爆炸，高速摄影时闪光灯的发光时间可达到 10 μs，高速子弹打穿苹果的时间为 3 μs，核武器爆炸时在 1 μs 内释放出巨大能量。

K 介子的存在时间为 12 纳秒（ns），FM 波段无线电短波的周期约为10 ns，光在真空中传播 1 米距离的时间需要 3.3 ns，个人电脑的微处理器进行一次运算约需 2 ns。

最快的晶体管运行时间为数皮秒（ps），室温下水分子间氢键的平均存在时间为 3 ps，由高能加

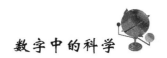

速器产生的夸克粒子存在时间为 1 ps。

　　完成快速化学反应通常需要数百飞秒（fs），光与视网膜上色素的相互作用（产生视觉的过程）约需 200 fs，分子中的原子完成一次典型振动需要 10~100 fs，可见光的振荡周期为 1.3~2.6 fS。

　　不过，飞秒也不是最小的时间单位。1964 年 10 月，来自 35 个国家的计量专家们汇集在法国巴黎，他们通过投票，决定正式在公制单位中采用 "atto" 一词，用来描述 10^{-18} 这一自然界极微小的量程，因此就有了 "阿秒（as）" 这一时间单位。1 as = 10^{-18}s，即百亿亿分之一秒。

　　科学家们在 40 多年前创造这一单位时并没有相应的测量工具，因为这种单位实在太小了。假设令时间放慢，让 1 as 延长到 1 s 的时间，那么原来的 1 s 将会延长到 300 亿年，这已经是宇宙年龄的两倍了。然而如今，科学家们已经拥有了可以测量阿秒级物理量的仪器。

　　不久前，德国慕尼黑大学与马克斯·普朗克量子光学研究所的科学家们用稳定的高速激光成功产生仅持续 250 as 的光脉冲。在如此短的时间中，光甚至还没有走过一个细菌直径那样长的距离。

　　研究人员利用如此短暂的超短时激光闪光脉冲作为工具，探测到了原子核外高速旋转的电子运动。他们在一团氢原子云上用超短时远紫外光脉冲将电子撞击出来，每个电子出现时由于该瞬间光线的相位不同，其速度可能在红色激光电场作用下被提高或降低。通过测量每个电子的动能，再加上已知红色激光脉冲的周期，研究人员计算出从氢原子中发出的电子脉冲的时间为 650 as，而电子在能级之间跃迁的时间大约只有 100 as 左右。

129

Z 子的寿命

过去人们认为，原子是构成宇宙万物的最基本的粒子。后来原子被打破了，人们又认为组成原子的质子、中子和电子是基本粒子，质子与中子统称为核子。近来人们又发现，质子和中子也不是最小的物质单元，它们仍然可以继续分割为几种更小的基本粒子类型。

此前人们只知道万有引力和电磁力两种相互作用，单靠质子间的万有引力远远不足以克服它们之间的电排斥力，物理学家开始猜测原子核内存在着第三种相互作用力，即"核力"。

到 20 世纪 60 年代，人们发现"核力"共有两种，一种是强相互作用，

欧洲核子研究中心鸟瞰图

以介子传递方式产生，特点是强度极大，独立于电荷，作用时间极短，作用距离极小，只有一个核子的直径那么大，仅在相邻核子间起作用；另一种则是弱相互作用，它导致了原子核的不稳定性，同时控制着原子核的衰变和放射性，影响化学元素的形成。

弱相互作用是靠什么产生的呢？20 世纪 60 年代，科学家根据粒子物理学的标准模型，认为电磁力和弱相互作用在核子的直径距离内其实是同一种力的不同表象，其行为遵循相对论性量子场论的规律，并预言存在两种传递弱相互作用的基本粒子 W 子和 Z 子，其中 W 子是带电粒子，Z 子是中性粒子。

1984 年，欧洲核子研究中心的科学家们通过实验发现了这两种粒子，它们的静止质量分别是质子质量的 90 和 100 倍，存在时间平均为 10^{-25} s。这一发现证实了弱电统一理论。领导这项研究的意大利科学家鲁比亚和荷兰科学家范德米尔因此荣获 1984 年诺贝尔物理学奖。

根据物理学家的最新研究结果，自然界中共有 31 种基本粒子，此外每种粒子都有自己的反粒子。这些基本粒子分成物质粒子和作用力粒子两大类。物质粒子是构成物质的原材料，包括 6 种夸克、电子、μ 子、τ 子，以及电子中微子、μ 子中微子和 τ 子中微子，它们分属于三个世代，所有普通物质都是由第一代粒子所组成；第二及第三代粒子只能在高能量实验中制造出来，而且会在极短时间内衰变成第一代粒子。每个世代的粒子与其他世代的相应粒子都有同样的相互作用。

作用力粒子包括光子、介子、胶子、W 子和 Z 子，分别负责传递电磁力、强作用力和弱作用力，另外还有一种导致其他粒子产生质量的希格斯粒子。

当夸克释放或者吸收胶子时会产生强作用力，而当夸克和轻子吸收或释放 W 子和 Z 子时会产生弱作用力。夸克借助于胶子的强作用力结合起来，由两个上夸克和一个下夸克组成质子，而中子则是由两个下夸克和一个上夸克组成。

普朗克时间

在古代，无论是东方还是西方，都曾就物质与时间是否无限可分展开激烈的争论。这不仅是哲学家们思辨的话题，更重要的是它影响了人们对宇宙世界演化发展的看法，同时也是科学家们经常遇到的理论和实验的课题。这些争论推动着近代物理学一步步向前发展，逐渐由宏观世界深入到微观领域。

1900 年，德国物理学家普朗克在研究黑体辐射时首次提出了"量子"概念。普朗克提出一个著名的常数，认为辐射（包括光）的发射和吸收过程中，能量的变化是不连续的，就像物质是由一个个原子组成的一样。他把辐射的单位称为量子，认为在吸收辐射能时只能吸收整个整个的量子。

不过，当时普朗克无法用经典的理论来解释辐射能量不连续性的原因。

德国物理学家普朗克

直到 5 年以后，爱因斯坦利用光电效应证实了量子的存在。普朗克因此获得 1918 年诺贝尔物理学奖，爱因斯坦获得 1921 年诺贝尔物理学奖。

进入 20 世纪 20 年代，法国科学家德布罗意首次提出光的粒子行为与波动行为对应存在；印度裔物理学家玻色提出一种全新的方法来解释普朗克的量子理论；奥地利物理学家泡利和薛定谔分别提出了不相容原理和波动力学；德国物理学家海森堡等人提出了测不准原理；美国物理学家康普顿证明，量子实际上具有粒子性质；英国物理学狄拉克提出用相对论性的波动方程来描述电子，并提出电磁场的量子描述，建立了量子场论；丹麦物理学家玻尔提出互补原理，解释了量子理论中的波粒二象性。这些学说奠定了量子力学作为原子结构理论的基础，开辟了原子物理、分子物理、固体物理和核物理等现代物理学新领域。

根据量子力学的原理，当我们在测量时，被测对象也在发生改变。例如将温度计放进浴盆里测量水温时，温度计吸收的热量会稍稍改变水的温度，只不过水温的变化小得可以忽略不计。而测量粒子则不同。例如要测量粒子的速度，必须用光束、电波或其他辐射来探测，微小的粒子一旦被光子、电子或其他粒子击中，就会移动位置或改变速度。所以我们不可能测出它的真实状况。

当物质与时间被分割为极微小的部分时，同样也会出现测不准现象。科学家将普朗克常数和光速、引力常数结合在一起，得出无法再继续分割的最短长度极限和时间极限，即 10^{-35} m 和 10^{-43} s，分别称为"普朗克长度"和"普朗克时间"。任何小于这个极限的长度和时间单位在物理学上都没有意义，因为你不可能准确测量到它，也就无法判定它是否真的存在。

二、长度中的科学

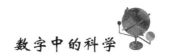

"本星系群" 空间区域范围

晴朗的夜晚，仰望天空，繁星闪烁，令人神驰。天文学家告诉我们，就像人们喜欢集中住在某个城市一样，一大群恒星也喜欢"扎堆"聚在某个"星城"里，这个"星城"就叫星系。人类所处的银河系便是由上亿颗恒星聚在一起组成的，而宇宙中有无数个这样的星系。

根据美国哈勃太空望远镜的最新观测结果，我们所能看到的宇宙中至少有500亿个星系，它们的形状外表千奇百怪，但大致可分为旋涡星系、椭圆星系和不规则星系3类。旋涡星系的特征是中间有一个厚厚的核球，称为星系核，被一个带有旋臂的旋涡状的圆盘包围着，银河系和仙女座星云都属于旋涡星系。椭圆星系是星系中数量最多的类型，大约占全部已知星系数量的60%，它们的外形有点像旋转的鸡蛋。

旋涡星系和椭圆星系都是宇宙中最早诞生的星系，不同的是，旋涡星系仍然具有旺盛的活力，其中的大部分恒星按固定的轨道运行，在星系的外围区域仍在不断生成新的恒星，例如银河系平均每年大约生出10余颗新的恒星。而椭圆星系则似乎丧失了活力，大部分恒星的温度都已变冷，并且似乎没有固定的运行轨道，就像是一大群嗡嗡乱飞的马蜂一样。不规则星系大约占全部已知星系数量的10%，它们都是较晚生成的星系，或许是由于附近其他星系的引力作用而使其失去了规则的外形；又或许是它们太年

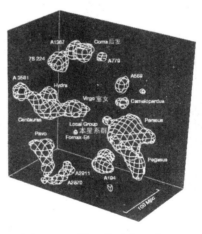

本超星系团的三维结构，本星系群位于图中央。图中标尺长度约合3.26亿光年

轻了，还未来得及形成规则的外形；在它们的内部正经历着活跃的恒星生成过程。

天文学家发现，像恒星会"扎堆"为星系一样，星系也不是无规则地散布在宇宙中，而是大部分都聚集成团，这颇有点像我们居住的一些城市会组成都市圈，例如中国著名的"长江三角洲都市圈"、"珠江三角洲都市圈"等。

在我们的银河系附近有40多个不同形状和大小的星系，包括仙女座星云及其伴星系、大小麦哲伦星云、人马座矮星系、玉夫座星系群、天炉座星系群等，它们由于相互间的引力拖曳而共同组成一个松散的星系团，天文学家称之为"本星系群"。当这些成群的星系在宇宙空间运动时，它们行动的方向和速度几乎一致，彼此间离得不太远，占据的空间区域的线度大约为400万光年。

宇宙中其他星系也大都组成星系团。其中最著名的要数后发座星系团，它的形状近似为椭球状，距离我们约3.5亿光年，大约包含有1.1万个星系，星系间的平均距离只有30万光年左右，占据的空间区域的线度约为800万光年。另外，在室女座还有一个巨大的星系团，距离我们约5 000多万光年，占据的空间区域的线度也为数百万光年，大约有1千多个星系成员。

未来建在太空中的引力波观测台的探测臂长

爱因斯坦曾预言，宇宙中存在引力波。

从20世纪60年代起，科学家们便一直尝试发展各种引力波探测技术，努力研制更加灵敏的探测仪器。数年前，美国、德国、日本以及法国与意大利等国的科学家们在世界各地先后建造了5座大型引力波观测台。这些仪器都采用迈克尔逊激光干涉原理，探测臂由两个成90度垂直交叉的长长的真空管臂组成，臂长从4 km到300 m不等，探测精度可达到10^{-19}m，相当于观测到一个氢原子大小的亿分之一。但由于地球表面充满各种如地震、刮风、汽车和火车驶过时发出的振动等干扰，这些观测仪迄今也未得到任何有关引力波存在的证据。

究竟是爱因斯坦错了，宇宙中根本就没有引力波这种东西，还是由于它实在过于微弱，以现有的技术手段难以探测到？目前科学界对此争论很大。因为引力波不同于我们所知道的物质世界中的其他任何一种波，它来无踪去无影，即使距离我们较近的银河系中发生的超新星爆发、黑洞合并、中子星碰撞等最剧烈的天文事件，其能量足以冲击附近的恒星，但宇宙实在太辽阔了，当引力波传播到地球上时，已微弱得只能震动一个电子！其探测难度可想而知。

为了避开地球表面的振动干扰，科学家们提出了将引力波观测台建在太空中的设想。这样做还有一个好处，那就是由于一些引力波的频率很低，波长达数十万甚至上百万千米，在地球上根本不可能建造这么大的

未来建在太空中的引力波观测台
LISA 示意图

测量仪器。

目前，欧洲航天局与美国航空航天局的科学家正在联合设计制造一个不久后将安置在太空中的引力波观测台，其全称为"激光干涉太空天线"，简称LISA，计划在2011年发射升空。这座引力波观测台包括3个携带有激光干涉测量仪的太空飞行器，每个飞行器里面都有一个光学望远镜和一个激光发射与光电接收装置，以及一个被称为"检验物质"的立方金属块。在太空的失重环境中，小金属块各自悬浮在飞行器中的真空室内，体积不受温度变化的影响，只有在受到引力波作用时才发生微小的伸缩变化。这种变化可以通过激光干涉方法加以精确测量。

这3个太空飞行器升空后彼此间相距500万km，相当于地月之间距离的10倍以上。飞行器上装有最新型的微小推力火箭，用于修正由于太阳风和太阳辐射压力造成的微小轨道变化，使定位精度保持在一亿分之一米以内。干涉测量仪相互发射的激光构成一个等边三角形，成为探测臂长达500万km的太空引力波探测台，预计有望能够探测到来自银河系的极微弱的引力波。

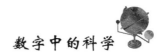

人类首次环球海洋考察的航程

海洋提供给我们很多资源，也影响到我们生活的方方面面。但人类真正认识海洋、全面考察海洋、开始海洋科学研究的历史只有 100 多年。

尽管人类自古便在海边捕鱼劳作，在海上驾帆远航，然而对海洋的研究却一直未得到重视。早期科学研究的对象几乎全部在陆地，直到 19 世纪上半叶，科学家才把目光投向海洋。最早开始这项研究的是美国科学家莫里，他在 1855 年发表了《海洋的自然地理和气象学》一书，论述了有关北美洲墨西哥湾的洋流、海水温度、潮汐以及海底地形等问题。

19 世纪中期，由于要铺设第一条横越大西洋的海底电缆，人们首次测量了大西洋海底深度，并最终绘制出第一幅大西洋海底图。1872 年，英国派出第一艘由木制军舰改装的海洋调查船"挑战者号"，进行了人类首次环球海洋考察。这次考察历时 3 年半，航程 12.8 万 km，科考内容包括海流、气象、地理、水文、海洋生物、海洋地质等，收集到大量海洋生物标本、海水和海底沉积物样品。回国后，科学家根据这次考察结果，编制成第一幅世界大洋沉积分布图。

"挑战者号"首次全面测量了各大洋的海水深度，绘制了等深线图，发现世界各大洋的海底形态虽然各不相同，但基本上都是由大陆架、大陆坡、海沟、大洋盆地和海底山脉几部分组成；大陆架以缓和的坡度延伸至大约 200 m 深的海底，大陆坡则是向大洋底部过渡的斜坡，大陆与海洋的分界线并不是我们所习惯认为的海岸线，而是大陆坡的底部；各大洋的深度一般在 2 500 ~ 6 000 m 之间，其中分布着一些连绵的海底山脉，有些山脉的峰顶露出海面，就成为大大小小的岛屿；海洋最深处是位于太平洋西部的马里亚纳海沟，深度达 1 万多米，其次还有深 8 000 余米秘鲁—智利海沟等。

此后，科学家们对海洋作了更全面的测绘和研究，发现每个大洋都有自己独特的海流和潮汐系统。由于科里奥利效应，海流在北半球的大洋中是沿顺时针方向绕一个大圈运行的，而在南半球的大洋中则是逆时针方向。直接沿着赤道前进的一股海流不受科里奥利效应的影响，因此是沿着直线前进的。

此外，科学家还对海洋深处流动得更慢的环流进行了探索，发现在北极和南极地区，上层海水变冷后便会下沉到底层。这股下沉的海流会沿着整个洋底向其他区域扩散，所以即使在热带地区，底层海水也是很冷的，接近冰点。由于温差作用，热带地区的底层冰冷海水最终会被加热变暖而升至海面，然后又会流向北极和南极，并在那里再次下沉。科学家用示踪物质来追踪各大洋的环流情况，并在不同地点对深处的海水取样分析，绘制出全球的环流图。由于大洋环流能够输送大量的热能，对全球气候变化有很大影响。

1872—1876 年，英国海洋调查船"挑战者号"进行人类首次环球海洋考察

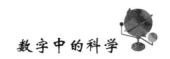

最大动物蓝鲸的身长

让20个1.7 m的人头脚相连躺在地上的长度，就是目前所发现的成年蓝鲸的一般身长。

动物身体的大小取决于它自身的特点和对环境的适应能力。大动物能很好地储存身上的热量，保护自身的能力也比小动物强。小动物动作迅捷，躲避灾难的能力强，但被大动物吞吃的危险却大得多。

目前我们所知道的体型最大的动物是蓝鲸，它比已经灭绝的大型动物恐

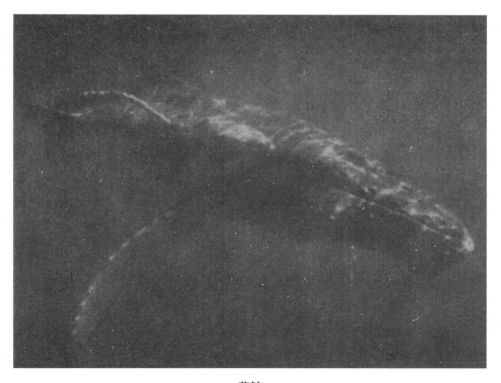

蓝鲸

龙还要大。蓝鲸的身长可达 34 m，相当于 10 头非洲象的长度或者 6 条大白鲨的长度；蓝鲸的体重可超过 150 t，相当于 25 头非洲象的体重或者 2 000 个人的重量。好在有海水的浮力，它不需要像陆生动物那样费力地支撑自己的体重。与蓝鲸的身长与体重相一致，它的器官也大得惊人：舌头重 2 t，头骨 3 t，肝脏 1 t，心脏 0.5 t，血液循环量 8 t。

蓝鲸身体庞大，但性情十分温和，与性情凶残的食肉类鲸鱼如逆戟鲸截然相反。蓝鲸没有牙齿，以浮游生物为食，主食磷虾。蓝鲸的食物还有其他虾类、小鱼、水母、硅藻，以及各种浮游生物等。一头蓝鲸每天消耗 3 t 食物。蓝鲸捕食时游动的时速为 5 km 左右，被追逐时最大游速可超过每小时 40 km。

蓝鲸也是世界上发出声音最大的动物，它嘴里发出的声音可达到 180 分贝（相当于一架喷气式飞机造成的噪音），但是由于声音频率比较低（10～40 Hz），所以不容易被人们觉察到。

蓝鲸用肺呼吸，它的肺能容纳 1 000 多升的空气。蓝鲸大部分时间在深海底捕食，大约每 15 分钟左右露出水面呼吸一次。呼吸时先将肺内废气从鼻孔排出体外，再吸进新鲜氧气。它呼出废气时，能将鼻孔附近的海水喷出十几米高的水柱。

蓝鲸在冬季繁殖，雌兽一般每 2 年生育一次，怀孕期为 10～12 个月，每胎只产 1 仔。刚出生的幼仔体长就达 6～8 m，体重约为 6 t。幼仔每天吸食的乳汁在 1t 以上，8 个月以后体长可增加到 15 m，体重增长到 23 t。到了 2 岁半至 3 岁时，蓝鲸的体长即可超过 20 m。蓝鲸的寿命一般都在 50 岁以上，长寿的可以活到 90～100 岁。

蓝鲸分布于从南极到北极之间的南北两半球各大海洋中，尤以接近南极附近的海洋中数量较多，但热带水域较为少见。由于捕获蓝鲸具有巨大的经济效益，多年来世界各国在各大海洋中竞相猎捕，使得蓝鲸在海里长大的时间越来越短，现在体长在 25 m 以上的蓝鲸已经很少见了。目前，全世界蓝鲸总数大约为 2 000 头，已被列入国际濒危动物保护目录。

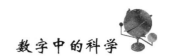

首条长途电话线路的长度

现在，我们可以把长途电话打到世界各地，通过电话和身处各个国家的人沟通交流。而早期的长途电话线路却要短得多。

相传英文"电话"这个词最早出现于 18 世纪。当时一位英国人让一排人间隔一段距离站好，然后用喇叭接力传话，这种传递消息的方式被称为"远距离传话"（Telephone）。

1876 年，美国人贝尔最先发明了电话。他将金属片连接在电磁线圈中，发现人对着金属片讲话时，金属片受到语音的振动可以在电磁线圈感生出电流，这些电流随振动的强弱不同而出现相应的强弱变化，将这股强弱不同的电流送到远处另一个连接在电磁铁上的金属片，便能使其发生振动，粗略复制出原先的声音。不过，他的家人第一次从电话中听到的声音却是"快来帮帮我！"原来，贝尔一激动，不小心将蓄电池中的酸液泼到了腿上。

电话发明后，很多发明家都对这项技术做了改进。例如爱迪生发明了碳精送话器，提高了电话的声音清晰度；有人用干电池取代贝尔原先用的蓄电池，缩小了电话机的体积；还有人在长途电话线中采用中继放大电路，减少了传输信号的损失。1878 年，美国康涅狄格州的纽霍恩市开设了世界上第一家电话交换局，不过当时只有 20 个用户。第二年，从纽约至波士顿的长途电话线路开通，全长300 km。

最早的电话机都是手持式的，打电话时先叫通电话交换局的接线生，他问清你所呼叫的对象后再通过插拔接线板转接。后来，美国人斯特伍格发明了步进制自动电话接线器，在电话机上设置了拨号盘。两年后，美国印第安纳州拉皮特市开办了世界上第一家自动电话交换局。1892 年，大北电报公司在上海外滩设立了中国第一家电话交换局。1900 年，上海和南京电报局正式开办市内电话业务。

此后，电话的功能逐渐完善。1903 年，出现了利用无线电波传输的电话，这也是最早的移动电话。但由于需要大功率的无线电发射和接收装置，成本高昂，这种无线电话难以普及。直到 20 世纪 60 年代，美国贝尔实验室的科学家发明了"蜂窝电话"技术，通过建立基站，用接力方法把电话从一个基站传递到另一个基站，这才解决了手持无线电话的移动通信问题。

如今，卫星电话、数字电话、互联网电话、光纤电话、视频电话、3G 电话等各种先进通信技术纷纷涌现，电话已深入到每个家庭，手机几乎成了每个人的必备用品，使我们真正感受到在信息时代与外界沟通的便利。

美国人贝尔及其发明的电话机

马里亚纳海沟的深度

深海是指深度超过 6 000 m 的海域，也是人类几乎未曾踏足过的地方。幽深的海水隐藏了深海的秘密。除了用特殊材料制成的潜水器外，甚至连军用核潜艇也无法到达那里。从某种意义上讲，我们迄今对深海的了解还不如对数十万千米外的月球了解得多。

从 20 世纪 50 年代起，由于地球物理学的发展，科学家们开始重视对深海的研究，乘坐深海潜水器潜到深深的海底，并利用声呐、重力、磁力和人工地震等探测手段，对世界各大洋的深海进行全方位的探测，绘制出各种高分辨率的海底地形图，并对各大洋的海底构造、沉积物结构、厚度和沉积速率等进行了认真考察。这些对研究近千万年以来的全球特别是海洋气候演变和地质演化史具有重要意义。

科学家们根据探测结果得知，深海底部比陆地更加起伏不平，不仅有面

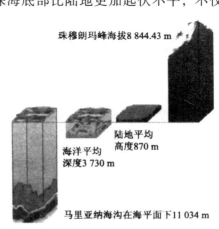

珠穆朗玛峰海拔 8 844.43 m

陆地平均高度 870 m

海洋平均深度 3 730 m

马里亚纳海沟在海平面下 11 034 m

马里亚纳海沟是世界上最深的海沟

积如整个大陆那样大的平原，而且有比喜马拉雅山还要高大的火山。位于太平洋中部的夏威夷岛其实是一座 1 万 m 高的海底火山的顶部。在太平洋海底还至少有 1 万座平顶火山锥。马里亚纳海沟是世界上最深的海沟，深度达 11 034m。不过，即使是在这样的深度，也仍然有生物存在。此外，在大洋底部还有一些险峻的峡谷，有些长达数千千米。在太平洋和印度洋一些地方，还经常发生海底地震，导致出现大规模海啸。

20 世纪五六十年代，美国的一些研究机构发起组织了大规模的海洋地质联合调查计划。1952—1953 年期间，美国科学家在东北太平洋发现了 4 个大型断裂带，后来发现这种断裂带在世界各大洋均有广泛的分布。此后又发现，大洋地壳的结构与大陆地壳截然不同，洋底沉积层极薄。特别是由于环绕全球的大洋中脊体系与条带状磁异常的发现，使一度衰落的大陆漂移说重新复活，并导致后来板块构造学说的提出。

20 世纪六七十年代，世界各国组织了一系列的国际海洋合作考察计划，其中比较著名的有"深海钻探计划"、"国际地壳上地幔计划"、"国际地球动力学计划"、"国际海洋勘探十年计划"和"联合海洋学会地球深部取样计划"等。通过这一系列全球深海海底勘探项目，取得大量海底岩芯样品，重现了中生代以来古大洋环境的演变，为验证和发展板块构造学说奠定了重要基础。

20 世纪 80 年代以来，科学家们又陆续提出了"岩石圈计划"、"大洋钻探计划"、"大陆科学钻探计划"、"综合大洋钻探计划"、"国际探海综合钻探计划"等，除了继续采用深海钻探和取样技术外，还广泛采用深海潜水器观察、海底摄像、海底电视、深海探测仪器、卫星遥感测量仪器等，发现了更多新的古气候学和古海洋学资料，促进了地球科学的发展。

三、温度中的科学

美国国家点火装置激光加热的温度

很多读者都听说过阿基米德用镜子烧战船的故事。当时罗马帝国的军舰要攻占希腊，城里的男人大多牺牲了，只剩下一些老人、妇女和孩子。阿基米德让众人回家把镜子都拿来，聚集起上千面镜子，将反射的阳光集中对准到敌船上的一点，很快就燃起火来，烧掉了罗马战船。

这种用镜子反射光来点火的办法到今天还在使用，而且科学家将其用在最先进的核聚变反应装置上。

 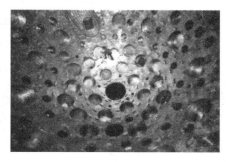

位于美国劳伦斯·利弗莫尔国家实验室的国家点火装置

　　要使两个原子核聚合到一起产生聚变反应，首先需要克服它们之间的静电排斥力，必须从外界提供足够的能量。为此科学家们想了很多办法，其中最简单的方法就是直接将原子加热到极高的温度。

　　前苏联科学家巴索夫在 1963 年首次提出用激光引发聚变的建议，即先将聚变燃料制成很多直径 1 mm 的靶丸，然后送进靶室，利用激光脉冲产生的超高温度使靶丸发生热核聚变反应。虽然每个靶丸释放的能量比春节晚上放的鞭炮爆炸力大不了多少，但如果在 1 s 内连续引爆成千上万个这样的靶丸，加在一起就是不小的能量。

　　1968 年，前苏联科学家首次采用这种方法，使得个别氘氚原子核发生聚变。但后来发现，要使聚变达到实用程度，所需激光能量必须达到几千万焦耳以上，比全世界所有电站发出的电能还要高数十倍，这显然不可能做到。

　　20 世纪 70 年代，美国科学家尼库尔斯提出新的理论，认为要使激光聚变达到点火条件，除了提高激光的能量外，还要精确控制激光的照射方式，在 10 亿分之几秒的过程中完成一系列的点火步骤，用这种方法只需几万焦耳的激光能量就够了。此后，各国科学家重新开展了以点火为目标的激光实验。

　　中国自 20 世纪 70 年代开始此项研究，先后建成"神光"和"神光Ⅱ"激光装置，其中"神光Ⅱ"由激光器、激光自动准直系统、激光靶室、激光储能供电系统等组成。科学家效仿阿基米德镜子反射光的办法，通过很多玻璃镜的来回反射，将一束功率很强的 X 激光分成 8 束，然后让它们在同一时刻集中照射在靶上，在十亿分之一秒的时间内共输出 6000 J 的能量。

　　目前世界上最大的激光聚变装置是位于美国加州劳伦斯·利弗莫尔国家实验室的"国家点火装置"，它使用了 3000 块玻璃镜，使一束激光通过反射先分成 8 束，再分成 48 束，然后又分成 192 束，在这一过程中使激光的能量放大了 1 万倍，最后让所有激光束聚焦在很小的靶上，在十亿分之三秒的时间内发射出人类有史以来最强的激光，总能量达 180 万 J，相当于美国所有电站所发电能的 500 多倍，能够将把氘氚制成的靶丸瞬时加热到 1 亿℃，压力超过 1000 亿个大气压，引发聚变反应。

胆甾醇苯甲酸酯转化为液晶时的温度

提起液晶，大家都很熟悉。每天不离身的手机、小巧玲珑的游戏机、旅游时携带的数码相机、做数学题时用的计算器、上网用的笔记本电脑，以及商店里售卖的新型平板液晶电视，上面都有一块或大或小的液晶显示屏。但你是否知道，为什么液晶能够显示文字和图像？

1888 年，奥地利科学家莱尼茨尔实验时发现了一种奇怪的物质，学名叫胆甾醇苯甲酸酯，平时为固态晶体状，加热到 145.5℃时融化成一种浑浊黏稠的液体，但如果继续加热到 178.5℃时，它似乎再次融化，又变成清澈透明的液体。而且这两种液体的性质也截然不同。清澈透明的液体具有一种晶体特有的各向异性双折射现象，表明它具有规则性分子排列。

我们在物理课上学过，所有物质都有固、液、气三种形态。固态物质内部的原子或分子呈有规则的空间排列，不能相互移动，即具有一定的晶体结

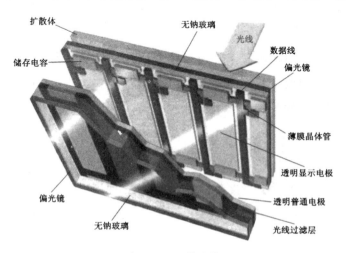

液晶显示屏的结构

构；而当它呈液态时，内部的原子或分子排列毫无规则，可以自由移动。然而胆甾醇苯甲酸酯却兼有液态和固态两者的特性，既具有液体的流动性、黏性和形变等，又具有晶体结构有规则分子排列以及由此带来的光、电等性质。后来人们给这种既像液体又像晶体的物质起了个名字，叫做"液态晶体"，简称"液晶"。

迄今人们已发现了 7 万多种液晶物质，它们多数都是以碳分子为中心的脂肪族、芳香族和胆甾族有机化合物。科学家利用高倍电子显微镜观察液晶的分子形状，发现它们均为细长棒形，在正常情况下分子排列很有秩序，显得清澈透明，但如果放在不同电场下，就会改变分子排列，导致光线扭曲或折射，变得浑浊而不透明。

科学家利用这一特性，设计制造了一种新型显示装置，即在两片玻璃或塑料面板之间设置许多装有液晶的微小格栅，每个格栅都设有电极，通过控制电场的强弱，改变液晶的透光性。再在格栅背后装上光源，这样每个格栅就成为一个像素，不同像素之间的明暗对比便可形成所需的黑白图像。如果加上三色滤光片，则可显示彩色图像。这就是液晶显示器的原理。

液晶显示器具有很高的成像质量，画面层次分明，颜色绚丽，分辨率、清晰度高，而且工作电压低，省电，体积轻薄，使用寿命长，不会发出辐射，也不存在屏幕闪烁现象，不易造成视觉疲劳，正在逐步取代传统的阴极射线管显示器。

此外，液晶材料还可用于其他高科技领域，如作为结构材料制造高强度的防弹衣、照相机的液晶电子快门、信息存储器件，以及人造卫星和宇宙飞船上的一些特殊器件等。

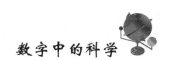

对流层每升高 1 000 m 气温的降幅

　　大气变化是一种自然现象，与人们的日常生活和生产有着密切联系。人类从远古时代起，就在不断总结天气变化的规律，探寻影响天气变化的背后原因，逐渐积累了很多相关知识。例如远在 3 000 年前，中国殷代甲骨文中已有风、云、雨、雪、虹、霞、龙卷、雷暴等记载，春秋战国时确定了廿四节气。自古民间不少关于天气的谚语流传至今。

　　古希腊人认为，地球由于太阳光线倾斜角度的不同，才产生气候的差异。公元前 350 年，亚里士多德发表了《气象通典》一书，系统探讨了各种天气现象及成因，对其后的西方人影响很大。文艺复兴推动了欧洲近代科学发展，17 世纪人们发明了温度计和气压计。1653 年，意大利建立了世界上首座气象台，此后其他国家也纷纷效仿。

　　科学家逐渐认识到，影响天气的最主要因素是大气中的热能导致气压变化，使空气携带热量和水分在海陆之间、南北之间以及地面和高空之间不断运动。1804 年，法国科学家盖吕萨克将携带有测温装置的高空探测气球释放到天空，发现每升高 1 000 米，气温便下降 5.5℃。

　　后来人们了解到，在距离地面 1.1 万米左右，大气温度降到零下 55℃，但是再往上，温度便不再随高度增加而下降，而是几乎恒定不变。法国气象学家德波特发现，上面部分的大气比较稳定，主要是水平方向的气流，将其称为平流层，也称同温层。这里空气比较稀薄，基本上没有水汽和尘埃，晴朗无云，很少发生天气变化。而下面的大气受地面影响较大，以上升气流和下降气流为主，故称为对流层，大气中的水汽几乎全部集中在对流层，刮风、下雨、降雪、云雾等天气活动都发生在这一层内。

　　从 18 世纪起，科学家们开始根据观测台网的资料，分析追踪风暴的路

径，由此得出了天气系统移动的概念。19 世纪，人们认识到地球的自转导致大气环流，在低纬度地区形成东风带（也称信风带），在中高纬度地区形成西风带。由于"科里奥利效应"，北半球的气团沿顺时针方向回转，形成气旋，造成热带风暴。

20 世纪 20 至 40 年代，挪威气象学家皮叶克涅斯创立了气旋形成的锋面学说，瑞典科学家罗斯贝提出了大气环流的长波理论，另一位瑞典科学家贝吉龙提出了冷云降雨学说，这些学说为短期天气预报奠定了理论基础。20 世纪 50 年代以来，由于雷达、激光、遥感、探空火箭及人造卫星等新技术的应用，极大促进了气象学的发展。科学家们开始用计算机模拟天气变化过程，能够进行更准确的中长期天气预报。

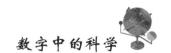

宇宙微波背景辐射温度

大家都知道，考古学家要想了解史前时代人们生活的情况，必须通过发掘考察古代遗址。从某种意义上讲，宇宙学就相当于一门考察宇宙遥远过去历史的"考古学"，而微波背景辐射就是137亿年前"大爆炸"遗留下来的一处"太空遗址"，科学家们可以从中推测出许多宇宙演化的事实与细节。

20世纪30年代，美国科学家托尔曼发现，在宇宙中辐射温度会随着时间演化而改变。1948年，美国科学家阿尔弗等人提出，在发生"大爆炸"之后大约30多万年，当时原始等离子体中的电子与质子首次结合起来而形成氢原子，同时发射出宇宙中最早的电磁辐射。这些辐射均匀地分布于整个宇宙空

利用身后的早期卫星接收天线发现宇宙微波背景辐射的美国科学家彭齐亚斯和威尔逊

间并自由地传播，在此后 100 多亿年的时间里一直弥漫在宇宙中没有消失，只是随着宇宙的持续膨胀和冷却而逐渐衰减，以致遗留到现在的辐射应该是均匀地来自天空一切地点的、绝对温度很低的射电波背景辐射。

1964 年，美国贝尔实验室的两位工程师彭齐亚斯和威尔逊为跟踪接受卫星的无线电信号而校准天线时发现，无论将天线朝着天空中哪个方向，在波长为 7.35 厘米的微波段，扣除大气噪声、天线结构的固有噪声及地面噪声后，最后还有始终无法消除的剩余噪声。在此后近一年的时间里，他们发现这个消除不掉的微波噪声信号在各方向上分布均匀，弥漫于整个天空背景，说明它来自银河系之外更广阔的宇宙。

科学家立即将其与他们正在努力寻找的源自"大爆炸"的残余辐射联系起来，对这个神秘的微波噪声的来源及意义给出了正确的解释。为了进一步证明这种微波背景辐射确实是宇宙早期所遗留下来的，科学家们进行了十分严格的检验，证明它的辐射能量随波长的分布恰好符合普朗克公式中温度为 2.7 ~ 3 K 的黑体辐射谱曲线。

微波背景辐射在天空各方向上的均匀分布特性，反映了在"大爆炸"后 30 多万年时宇宙物质分布的均匀性，因为背景辐射正是在这一时刻发出的。这也说明星系、星系团等天体在那时还没有一点要凝聚而成团的迹象。所以，混沌初开之时的宇宙只能是均匀的等离子气体，星系等的凝聚肯定是在这以后相当长时间之后的事情。

宇宙微波背景辐射被实际测量所证实，这为"大爆炸"宇宙学说赢得了更多科学证据。彭齐亚斯和威尔逊因此而荣获 1978 年诺贝尔物理学奖。

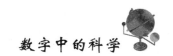

欧洲核子中心制造反氢原子时的温度

反物质是自然界留给我们的最大谜团之一。

按照"大爆炸"理论，宇宙诞生之初曾经产生了等量的正物质与反物质。但为什么我们现在看到的世界几乎都是由正物质构成的呢？

1967年，前苏联科学家萨哈罗夫提出了一种解释，认为对于物质与反物质而言，物理定律必然要有所不同，这一现象称为"电荷反转和宇称反演不守恒"（简称"CP破缺"），即由于正、反物质在内部结构和物理特性上存在差异，导致正、反粒子的衰变速率不同而造成的。

（欧洲核子研究中心的科学家使用反质子减速器制造反氢原子）

电荷反转就是把所有粒子用其反粒子代替，宇称反演实际上就是镜像反射，或者更确切地说，就是把空间左右颠倒过来。20 世纪 50 年代，两位美籍华裔科学家李政道和杨振宁提出某些基本粒子在弱相互作用下宇称不守恒的观点，并由另一位美籍华裔女科学家吴健雄加以实验证实。李政道和杨振宁因此获得 1957 年诺贝尔物理学奖。

目前世界顶尖的一些高能物理研究机构，例如欧洲核子研究中心、美国斯坦福直线加速器中心、布鲁克海文国家实验室、日本筑波科学城等正在进行有关考察一类名为 B 介子的粒子和反粒子的衰变中发生 CP 破缺的实验，结果初步证实了萨哈罗夫的推断。

科学家还发现，要解开反物质之谜，必须深入研究反粒子的内部结构和物理特性。20 世纪 30 年代，科学家们就已人工制造出正电子。1955 年，美国伯克利·劳伦斯国家实验室的科学家利用粒子加速器加速质子，产生极高能量，首次人工制造出反质子。

有了正电子和反质子，科学家便尝试在实验室中将它们合成，用人工方法制造反物质。

2000 年 9 月，欧洲核子研究中心的科学家使用反质子减速器，利用磁场将高能反质子和正电子冷却、减速和聚积，最终在绝对温度 0.5 K（零下 272.66℃）以下的冷却环境中，通过彭宁离子阱装置成功制造出约 5 万个低能态的反氢原子，并且可以把反质子和正电子保存两个月之久。这是人类首次在受控条件下制造出大批反物质。

反物质的潜在用途十分诱人，1 g 反物质与对应的正物质所发生的湮灭反应将释放出相当于 4 万 t 爆炸当量的巨大能量，能量释放率远高于氢弹爆炸，这些能量转换成电力后足够上万个家庭用一年。

不过，目前制造反物质所需的能量要远远大于其湮灭反应释放的能量，因此用反物质来解决未来的能源问题是不现实的，但反物质可用作未来星际航行运载火箭的燃料。只需 0.01 g 氢和反氢原子结合湮灭，所产生的推力就相当于 120 t 美国航天飞机使用的火箭燃料，而一颗像药丸那么大的反物质足以让一艘宇宙飞船航行数百年。

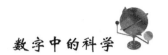

世界上第一台激光器达到的温度

激光现在已经很普通了，我们平常听的 CD 音响、电脑中的光盘驱动器，甚至一些学校老师使用的电子教鞭，都应用了激光器。但在几十年前，激光还是很神秘的东西。

20 世纪初，爱因斯坦提出了受激辐射的理论，即处于高能态的物质粒子受到一个能量等于两个能级之间能量差的光子的作用，将转变到低能态并产生第二个光子，与第一个光子同时发射出来。这种辐射输出的光获得了放大，而且是相干光，即多个光子的发射方向、频率、位相、偏振完全相同。

此后，科学家们研究电磁辐射与各种微观粒子的相互作用，对粒子的能级分布、跃迁和光子辐射等问题有了更深入的认识。20 世纪 50 年代，美国物理学家拉姆发明了微波技术。稍后，美国贝尔实验室的汤斯以及前苏联物理学家巴索夫和普罗霍洛夫分别提出了利用原子和分子的受激辐射原理来产生和放大微波的设计。1954 年，汤斯终于制成了第一台氨分子束微波激射器，也称"脉泽"，能够产生频率为 24 GHz 的微波。汤斯与巴索夫和普罗霍洛夫因此分获 1964 年诺贝尔物理学奖。

汤斯等人将微波激射器与光学理论知识结合起来，提出如果一个系统中处于高能态的原子数多于低能态的原子数，此时只要有一个光子引发，就会使处于高能态的原子受激辐射出一个与之相同的光子，这两个光子

美国物理学家梅曼和他发明的世界上第一台激光器

又会引发其他原子受激辐射。这样连续不断地进行下去，就导致了光的受激辐射放大，形成比原来亮得多的相干单色光。后来人们将这种光简称为"激光"。

1960 年，美国物理学家梅曼用高强闪光灯来激发红宝石水晶里的铬原子，产生一条纤细的红色光柱，当它射向某一点时，可达到 7000℃ 的高温。同年 12 月，另一位美国科学家贾万成功地制造出第一台氦氖气体激光器。两年后，有 3 组科学家几乎同时发明了半导体激光器。很快，人们又研制成波长可在一段范围内连续调节的有机染料激光器。随后，输出能量大、功率高的化学激光器等也纷纷问世。

激光是一种完全新型的光，它具有前所未有的极强亮度和单一波长，方向性和波束平行度极高，很快被应用于加工业、精密测量、通讯与信息处理、医疗、军事等各方面。若人们利用激光对各种材料进行加工，能够在一个针尖上钻数百个孔；用激光测量地月之间距离时精度可以达到厘米量级；一根用激光传送信号的光导电缆可以携带相当于数万根铜制电话线的信息量；医疗上可用激光进行切割、止血、缝合等手术；很多激光武器和激光制导武器也已经投入使用。

炼铁温度

如果从使用工具的料质角度进行历史分期，人类首先进入的是石器时代，当时人们只使用那些经过简单加工就能够应用的材料，如兽骨、石块和木头等。

除了少量的铁质陨石和小块天然黄金外，人们最早认识的金属是铜。很可能是人们无意中用含有铜矿物的石头搭建炉灶烧火，由于铜的熔点低，熔化后的铜金属留在灰烬中被人们发现。这些新物质不同于石器，打磨后会发出诱人的光泽，而且可捶打成薄片和其他形状，适于做装饰品。后来人们又发现铜经过加工可制成切削工具，切割坚硬的物体时锋刃只会变形而不易破损，比石刀、石斧强很多。大约公元前4000年，在古埃及与西亚两河流域，铜器开始得到大量使用。

但是，用纯铜制成的工具和武器太软，不过人们很快发现，在冶炼铜矿石时混入一定量的锡，制成的青铜则远比纯铜硬得多。大约公元前3000年，古埃及与西亚地区最早进入青铜时代。

由于铁的熔点为1 150℃，比铜高很多，木柴燃烧的温度很难使铁矿石熔化，直到公元前1400年，在两河流域才首先出现冶炼生铁技术。位于小亚细亚的赫梯人是第一个使用铁制武器的民族，他们征服了附近使用青铜武器的其他民族。与此同时，使用铁制

早期金属冶炼

武器的多利安人入侵希腊，打败使用青铜武器的原住民，把铁器传入欧洲。

中世纪时，欧洲冶金工匠采用一种能够获得较高温度的熔铁炉，熔融后的铁水灌入铸模，成为铸铁。它比以往的生铁制品更便宜，也更坚硬，因而使铁器得到更广泛的使用，但也导致森林木材被大规模砍伐。18 世纪末，英国铁匠使用焦炭代替木炭，由此开始了以煤为主要能源的时代。

法国科学家列奥米尔发现，碳的含量决定着铁的韧性和硬度。人们通过增加炉火的温度以及向熟铁中加入适量的碳，首次制成了更坚硬的钢。但由于繁杂的工艺过程，钢仍然是一种很昂贵的材料，仅用于制造刀剑和弹簧等。直到 1856 年，英国工程师贝塞麦发明了鼓风炉技术，通过送风的方法来提高熔炉温度和控制碳的含量，生产出大量价格便宜的钢材。不久，英国工程师西门子又发明了平炉炼钢法，从此人类进入了钢铁时代。从枪炮、机器、轮船、铁路、桥梁到许多日常生活用品，钢材都得到广泛的使用。

科学家在炼钢过程中发现，适当加入少量的锰，可制成非常坚硬的锰合金钢。随后，人们又尝试向钢中加入钨、铬、铝、镍、钴、钡等元素，制成各种特殊性能的合金钢，如在高温下仍保持高硬度的钨铬合金钢、不怕腐蚀的镍铬不锈钢、具有极强铁磁性的镍钴磁钢等。

冥王星的表面温度

2006 年月 8 月，在捷克首都布拉格举行的国际天文学联合会大会通过决议，取消冥王星的"大行星"地位，太阳系大行星数目也因此降为 8 颗。这是为什么呢？

我们只要将冥王星与太阳系八大行星放在一起进行对比，就会看出它们之间的不同。八大行星依照其距离太阳的远近，可以大致划分为两类，其中位于内太阳系的地球、火星、金星和水星属于类地行星，即像地球一样主要

冥王星表面意象图

由岩石构成的固态天体；而位于外太阳系的木星、土星、天王星和海王星则属于主要由氢分子组成的气态巨行星。

冥王星则不同，它虽然位于外太阳系，却既不属于气态巨行星，也不同于类地行星，而是一个由冰雪和岩石组成的小天体，质量只有地球的三百分之一，比八大行星的许多卫星还要小。冥王星与冥卫并排在一起，长度只相当于从中国东海岸到新疆的距离。

八大行星围绕太阳运行的轨道都大致呈圆形，而且都大致在一个平面内，又称黄道面；冥王星的轨道则是长椭圆形，它的轨道平面同黄道面之间有一个很大的夹角，很像彗星的轨道。

更为奇特的是，冥王星的卫星卡戎的直径约为冥王星的一半，质量与冥王星质量之比为8∶1，彼此距离相当于8.5个冥王星直径，它们围绕一个共同的引力中心即质心旋转。由于质心位于冥王星与冥卫之间，所以看起来不是卡戎围绕着冥王星在转，而是彼此相互绕着旋转，科学家称它们为"双星体"。

由于冥王星距离太阳非常遥远，它从太阳接受到的光比我们看月球的光亮还要弱，因此冥王星的表面很冷，温度只有零下233℃。冥王星的表面成分主要是冻成冰的水以及氮、甲烷和一氧化碳。冥王星的密度约是水的两倍，说明混合有岩石物质，这与彗星有些类似。冥王星的行为也很像彗星，如在近日点时表层物质受热挥发为气体，类似彗星接近太阳时长出的彗发。只不过冥王星比普通彗星要大100多倍，也许我们把它称为"超大号的彗星"更合适。

自从天文学家在1992年发现了第一个柯伊伯带天体后，对冥王星开始有了新的认识。一些科学家认为，冥王星属于众多柯伊伯带天体之一，它们是在太阳系诞生之初形成的"星胚"，成长到一定阶段后就停止了发育，而我们地球则属于"完整发育"的行星。

人类迄今对冥王星仍知之甚少，甚至连一张较清晰的照片都没有获得。以往人类发射的探测飞船也从来没有光顾过这颗离太阳遥远的天体。不过，但这种情况很快就要改变了。2006年1月，美国"新地平线号"飞船发射升空，它将在2015年的夏天抵达冥王星，去揭开与冥王星有关的谜团。

四、质量中的科学

月球两极地区可能蕴藏的水量

水是生命之源。地球上的人想要登陆并生活在月球上，一个前提就是要有充足的水资源。那么，月球上有水吗？这是科学家必须回答的问题。

科学家通常认为，月球的引力太小，无法吸引住水分。但1994年美国"克莱门汀"号飞船的雷达实验发现，在月球南极附近的一些永久阴暗区内有存在水冰的特征。随后，"月球勘探者号"飞船携带的中子光谱仪证明，月球两极阴暗区域的氢浓度较高，很可能水冰中含有的氢。科学家们有意让"月球勘探者号"在月球上坠毁，想借此使月球表面喷发出水蒸气。几台地面和空间望远镜对准了撞击区，观测是否有羽状蒸汽柱出现，结果什么也没有发现。

月球自转轴的倾斜度只有1.5度（地球自转轴的倾斜度约为23度），几乎垂直于地球绕太阳的轨道平面。所以从月球两极观看，太阳总是在月球的地平线附近。如果月球极点附近某处比月球表面的平均高度低数百米，例如月球南极的沙克尔顿环形山地区，那么它将永远处于太阳光照射不到的阴影之下。这些永久阴暗区域极其寒冷，温度仅为 - （223～203）℃。彗星和小行星撞击月球时释放出的水冰可以在这些寒冷地带聚集起来，因为它们永远不会被阳光蒸发。科学家们估计，在月球两极地区最上层约0.3 m厚的地层内可能蕴藏着100亿吨以上的水冰。

美国计划在2018年重返月球，在2020

美国"月球勘测轨道飞行器"示意图

年建立月球基地，必须首先了解月球上是否确实存在可供人类使用的水冰，以及水冰的储量大小和分布情况。如果确证月球南极存在水冰，那么就可以将其融化成水，用来生产火箭燃料或者氧气，并在其附近建设半永久性的有人月球基地。

为此，美国航空航天局计划于 2008 年 10 月发射一艘名为"月球勘测轨道飞行器"（简称 LRO）的飞船，它的主要任务是确定月球全球辐射环境，绘制高分辨率月球全球地形图，绘制高分辨率氢元素分布图，探测月球极地的光照环境和温度，确定极地永久阴暗地区是否真的存在水冰，为未来载人登月航天器的设计和研制提供有用的数据，为未来宇航员和机器人登月选定可能的着陆地点。

"月球勘测轨道飞行器"的设计质量在 1 000 kg 左右，其中推进剂质量占 50%。飞船上将装备 6 种科学仪器，包括月球轨道器激光高度仪、勘测照相机、中子探测器、月球辐射计、喇曼—阿尔法测绘光谱仪和宇宙射线望远镜。此外，飞船上还将搭载一个名为"月球环形山观测与感知卫星"（LCROSS）的小型探测飞船，以便通过撞击月球表面寻找水源。

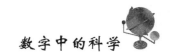

第一台电子计算机质量

今天使用台式计算机或者笔记本电脑的人们，很难想象第一台电子计算机是一屋子庞然大物，质量达30吨。

人类在远古时代就已经开始计算了。最早的计算工具就是自己的手指，后来又用石块、木棍、竹签、骨棒、绳子等来帮助计算。公元前5世纪，中国人发明了算筹，后来又发明了算盘，广泛应用于商业贸易中。

欧洲人最初也是用算筹来计算。17世纪，文艺复兴促进了欧洲近代科学的发展，机械制造、航海定位、开凿运河、修筑堤坝、天文观测、计算火炮

美国科学家设计制造的第一台电子计算机"埃尼阿克"

弹道以及政府财政、税收等许多方面都需要复杂的计算，人们感到有必要研制一种能够替代手工计算的机械装置。英国数学家纳皮尔发明了计算尺，法国数学家帕斯卡发明了能够自动进位的机械加法器，德国数学家莱布尼兹对此做了改进，使之可以计算乘法。此后，法国人库尔马发明了可以进行四则运算的手摇计算机，一直沿用到 20 世纪初。

现代意义的电子计算机首先得益于图灵。1937 年，英国数学家图灵提出有关二进制数字计算机的原理和模型，后人称之为"图灵机"。美国科学家冯·诺伊曼等人也对计算机的设计发展起到关键作用。

第二次世界大战中，由于军事的需要，美国科学家研制出第一台电子计算机，共用了 1.8 万个电子管，总重量为 30 吨，每秒能进行 5 000 次加法或 400 次乘法运算。

1949 年发明晶体管后，第二代计算机诞生，采用磁芯存储器作为内存，可以存储程序，运算速度达到每秒几万次。这一时期出现了 COBOL 和 FOR-TRAN 等程序语言，使计算机编程更容易，并诞生了程序员、分析员和计算机系统专家等新的职业和软件产业。

20 世纪 80 年代以后，超大规模集成电路可以在芯片上容纳了几十万甚至上百万个元件，使计算机的体积和价格不断下降，而功能和可靠性不断增强，运算速度可达到每秒几亿次。1981 年，IBM 公司首次推出个人计算机，带有供非专业人员使用的程序和字处理软件，可以用鼠标方便地操作，用于家庭、办公室和学校。微软公司推出了最早的视窗操作系统。此后，计算机价格不断下降，开始广泛应用于各行各业。与此同时，计算机也在向不同类型方向发展，包括专用计算机、台式计算机、笔记本电脑、掌上电脑、服务器、工作站、大型计算机、超级计算机等，计算速度最快已达到每秒几十万亿次。

目前，科学家正在研制第五代计算机，包括超导计算机、光计算机、量子计算机、生物计算机、人工智能计算机等，能在更大程度上仿真人的智能。

水分子的质量

将一滴水放在你的指尖，仔细地观察，它是那样的晶莹透明。此时你有没有想过，它是如何构成的呢？

当然，科学家早已告诉了我们：水是由分子组成的，水分子则是由两个氢原子和一个氧原子组成的，它们之间通过化学键相互紧密连接在一起。但科学家又是怎么知道的呢？这其实是一个很长的故事。

古希腊人认为，水是一种不可再分的元素。这种观念长期被后人所继承，直到 18 世纪末，英国科学家卡文迪什首次将氢气和氧气燃爆生成水，其他科学家又用电将水分解成氢气和氧气，才彻底破除了水是元素的传统观念。英文"氢气"一词的含意即为"水之源"。

19 世纪初，英国化学家道尔顿根据气体的体积或压强随温度的升高而增大这一事实，首次提出气体是由微小的颗粒"原子"组成的。不过他当时错误地认为，水是由氢原子和氧原子按 1∶1 的比例结合而成的。

就在原子论发表的同一年，法国物理学家盖·吕萨克发现了气体反应体积简比定律，认为氢气和氧气反应的体积比为 2∶1，因此水的化学式应该是 H_2O 而不是道尔顿认为的 HO。

1811 年，意大利科学家阿伏伽德罗首次提出分子学说，认为在同温同压下，所有相同体积的气体都是由相同数目的微粒组成的。不过，这些微粒不是原子，而是一种被

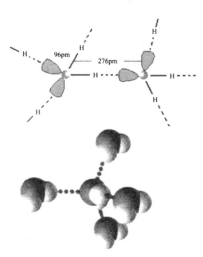

水分子的结构示意图

称为"分子"的小原子团。原子是参加化学反应的最小质点，分子则是在游离状态下单质或化合物能够独立存在的最小质点。按照他的观点，水的生成可表示为：1 个氧分子（O_2）+2 个氢分子（H_2）→2 个水分子（H_2O）。

1827 年，英国植物学家布朗注意到悬浮在水面上的花粉粒会不规则地轻轻移动，最初以为这是由于花粉粒中藏有微生物，后来发现水中的染料微粒也显示同样的运动。这一被称为"布朗运动"的发现证实了分子存在的真实性。

19 世纪后半叶，由于热力学和分子物理学的发展，人们逐渐认识到在布朗运动和分子热运动之间存在某种联系。1905 年，爱因斯坦对布朗运动进行热力学统计分析，指出可以根据染料颗粒轻微移动的程度来计算分子的大小。

法国物理学家佩兰通过对悬浮于水中的树脂微粒计数发现，作布朗运动的悬浮微粒在平衡时，竖直方向分布遵从爱因斯坦所提出的动力学方程，首次通过实验测量计算出阿伏伽德罗常数和水分子的直径，并根据其密度推算出水分子的质量。佩兰因此而获得 1926 年诺贝尔物理学奖。

根据科学家最新测量结果，水分子的直径大约是 3.3×10^{-10} m，质量为 2.99×10^{-23} 克。

看！在一滴水的背后，隐藏着多少故事。

美国新一代载人登月航天器的质量

2010 年，美国现有的航天飞机将全部退役。今后，将用什么新型航天器来完成未来的载人登月飞行呢？

根据最新的航天计划，美国将在未来时间里投资上千亿美元，研制新一代载人探测航天器，不仅要取代现有航天飞机的全部功能，能够将航天员送到近地轨道，完成国际空间站的组装工作，而且还要将航天员送上月球轨道并安全返回，今后还要将航天员送到火星上。

为此，美国航空航天局开展了"空间探索新构想初始概念"项目预研，认为新一代载人探测航天器最合理的设计是采用太空舱式飞船结构，而非机翼式结构。整体设计应采用传统火箭，可以保证更安全。采用模块化功能设计，航天器根据需要既可以载人，也可以载货，并遵循人货分离的基本原则，分别把人员和货物送入轨道，而不是像航天飞机那样，将入与货物一起送入太空。

美国航空航天局已决定，未来新一代载人探测航天器将有两种型号：一种用于国际空间站运输，运载能力为 25 吨；另一种用于月球探索计划，运载能力为 35 吨。经过改进后航天器可进一步提升运载能力，用于未来火星探测任务。

新的载人探测航天器和"阿波罗号"飞船很相似，但载人空间大了 1 倍，质量约 12 吨，能将 4 名航天员送往月球，每年最多可飞行 6 次；此外，也可作为国际空间站送接航天员或运送物资的货船。

美国未来载人探测飞行器的两种型号

运载火箭将沿用现有航天飞机的主发动机和固体燃料助推器，但布局改为上下两级串联结构，一级采用固体火箭助推器，二级为低温火箭。

新的登月之旅中，推进力强大的运载火箭将把登月着陆器和载货舱送上太空，之后另一枚较小的火箭再把载人航天器送上太空，分别进入地球轨道后，载人飞行器将与登月着陆器和载货舱对接成为一体，然后由第二级火箭将它们一同送往月球。进入月球轨道后，登月着陆器将与航天器脱离并降落到月球表面，航天器则仍留在月球轨道上。与"阿波罗"登月行动不同的是，4名航天员可以全部乘坐着陆器降落到月球上，而不必有人留守在航天器上。

航天员在进行大约7天的月球勘探之后，再次乘登月着陆器的返回舱从月球表面发射升空，回到月球轨道，与等候在那里的航天器对接。宇航员进入飞行器中，然后抛弃着陆器返回舱，飞回地球。在进入地球大气层后，航天器释放降落伞，启动制动火箭系统和气囊进行软着陆。

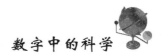

成人每天碘摄入量

谁不希望自己有个健康的身体，谁不希望能精神饱满地工作。然而要知道，人体的健康与微量元素还有着密切的关系呢！人体中目前已经发现有60多种微量元素，其质量的总和仅占人体质量的0.05%，此量虽然微小，但它在人体细胞内的新陈代谢过程中起着十分重要的作用，一些微量元素在人体中成为某些酶、激素和维生素等的活性中心组成部分，部分微量元素还与癌症、心血管病、瘫痪、生育等息息相关。缺乏必需的微量元素，将会引起生理功能及组织结构异常，从而发生各种病变及疾病，使人体健康状况下降或寿命缩短。这些微量元素对于人体健康乃至生命现象的重大作用，人们还知之甚少。碘、铁、铜、锌、锰、钴、钼、锡、铬、镍、硒、硅、氟、钒等14种元素是机体生命活动中必不可少的，被称之为必需微量元素。以上诸元素在体内既不能产生，也不能合成，必须由外界来提供。

碘是人体必需微量元素之一。碘是法国化学家库特瓦1813年从海藻中发现的。碘的单质是呈紫黑色、光泽的固体，被加热后为有刺激性的紫色蒸汽。在自然界中以能溶于水的碘化物形式存在。碘除在海水中含量较高以外，在大部分土壤、岩石、水中的含量都很低微。

现在，我们很多人食用的都是加碘盐，因为科学家告诉我们，缺碘对人最大的危害是影响智力发育，致人智力低下。严重的碘缺乏会导致"大脖子病"。

"大脖子病"在医学上叫地方性甲状腺肿，甲状腺肿大可引起吞咽困难、气

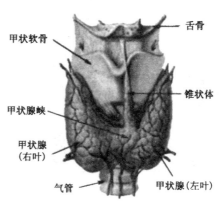

甲状腺位置图

促、声音嘶哑、精神不振，不能参加重体力劳动或者从事剧烈运动。

孕妇缺碘不仅影响自身健康，造成呆傻等残疾，也影响婴儿的发育，容易造成死胎、自然流产和早产等。

人体内含碘 30 mg（25 ~ 50 mg），甲状腺内含碘最多（8 ~ 15 mg），一般男性高于女性。此外，肾、肝、唾液腺、胃腺、乳腺、松果体、肌肉、脑、淋巴结、卵巢均含有碘。

人体碘的来源有 80% ~ 90% 来自食物，10% ~ 20% 来自饮水，5% 左右来自空气。食物中的碘化物在消化道内几乎完全被吸收，但胃肠内容物中有钙、氟、镁存在时有碍碘的吸收，蛋白质的热量不足时胃肠内的碘吸收不良。医学上通过测试人体尿液中的碘含量来诊断人体中碘元素是否正常。合适的尿碘值是 100 ~ 200μg/L，如果低于 100μg/L 就是碘缺乏。

碘缺乏症曾一度在中国农村山区非常普遍。20 世纪 70 年代，黑龙江省桦川县有个傻子屯，近 300 人的村庄里有 70 多个傻子，有的人傻到连 10 以内的加减法都不会做，生活也不能自理。"一代大、二代傻、三代四代断根芽"，就是描述的缺碘造成的大脖子病后果的民谣。为了防止碘缺乏症，1995 年起中国在全国范围内推行食盐加碘。

当然，碘过量也会致病，导致甲状腺功能减退症、自身免疫甲状腺病和乳头状甲状腺癌的发病率显著增加，如果尿碘大于 300μg/L 就是碘过量。

科学家建议道，成人每天碘摄入量为 150μg 左右，以便把尿碘控制在 100 ~ 200μg/L 之间。

世界上最大船舶的排水量

许多人好奇，轮船是如何发明的，现在的轮船究竟能承载多大的重量？

早先的船都是靠风帆或手摇桨、橹推进。此后船越造越大，再以帆或桨为动力显然是太慢了。

1807 年，美国人富尔顿制造出第一艘能行驶的蒸汽机船"克莱蒙脱号"，两舷装有高大的明轮，人们称之为"轮船"。这个称呼沿用了下来，泛指一切在水面行驶的大型机械动力船舶。

19 世纪上半叶是帆船向蒸汽机船过渡的时期。早期的轮船装有全套帆具，蒸汽机只是作为辅助动力。1815 年，美国建成第一艘由蒸汽机驱动明轮的军舰"富尔顿号"，排水量 2 475 吨，航速每小时不到 6 海里（1 海里 = 1 852 m）。1819 年，"萨凡纳号"蒸汽机帆船用了 27 天时间横渡大西洋。

1836 年，瑞典人爱立信受古希腊人发明的"阿基米德螺旋"提水装置的启发，建造了一艘采用木制螺旋装置的小船。试航时螺旋装置的一部分突然

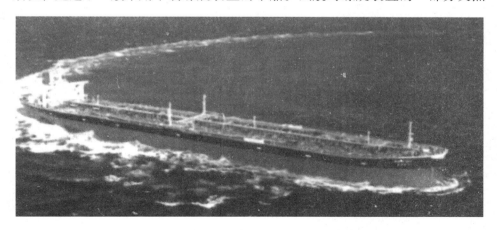

世界上最大的"海上巨人号"56 万吨巨型油轮

折断了，然而使用变短的螺旋桨，船反而走得更快。他建造的第一艘采用螺旋桨推进的蒸汽机船"阿基米德号"于1838年下水。1845年，采用螺旋桨推进的英国大型蒸汽机船"大不列颠号"首次横渡大西洋，仅用了10余天时间。

早期轮船都是木制的。19世纪中期以后，逐渐用铁作为造船材料。1858年英国建造的"大东方号"铁船被认为是造船史上的奇迹。该船长207 m，排水量2.7万吨，能载客4 000人，装货6 000吨。它首次采用双层船壳结构，船上安装两台蒸汽机，一台驱动直径17 m的明轮，另一台驱动直径7 m的螺旋桨，此外，船上还有6具风帆，最高航速每小时16海里。直到半个世纪以后，才出现比它更大的船。

1870年，英国创办了丘纳德汽船公司和白星汽船公司，在英国和北美之间开辟旅行条件舒适的客船航班，此后各国相继建造大型豪华客船，航行于大西洋航线和东方航线上。到19世纪末，豪华客船可载客数千人，航速每小时20海里以上。

20世纪初，内燃机开始应用于船上，逐渐取代蒸汽机的地位；钢取代铁作为造船材料。到20世纪30年代，大型远洋客船的建造达到高潮，排水量都在8万吨以上，航速每小时超过30海里。

20世纪50年代，为了提高运输的经济效益，船舶向大型化、专业化、高速化和自动化方向发展，开始出现集装箱船和滚装船，60年代出现了20万吨以上的超大油轮和30万吨以上的特大油轮，70年代又出现了50万吨以上的巨型油轮，并出现了专门装运煤炭、矿砂、谷物等的大型干散货船。

在船舶动力方面出现了燃气轮机，但主要用在大中型水面军舰上。从1954年起，一些国家开始建造核动力船舶。

迄今为止，人类建造的最大的船舶是"海上巨人号"巨型油轮，长458.45 m，宽68.9 m，能够装载56.5万吨原油。最大的客船是"海洋自由号"，长339 m，宽56 m，排水量15.8万吨，可搭载4 375名乘客和1 365名船员。速度最快的是一艘F1摩托赛艇，最高时速为220 km。

"引力探测器 B" 飞船的质量

自从爱因斯坦发表相对论以来，科学家们已经多次观测到光束和无线电波在经过太阳附近时出现微弱偏折现象，证实了相对论所预言的引力弯曲效应。不过，相对论预言的另外两种效应，迄今尚没有得到直接测量的证实。

爱因斯坦认为，地球的巨大质量会使地球周围原本平直的时空结构出现"凹陷"，引力其实就是物体沿着时空中的这种"凹陷"部位的曲线运动。此

重力探测器 B 在地球极地轨道展开后的形态

外，由于地球的自转，将会带动周围时空结构中的这种"凹陷"一起运动，从而能将这种"凹陷"结构轻微扭曲成四维"旋涡"结构。这两种现象分别称为测地效应和惯性系拖曳效应。

这两种效应在地球表面过于微弱，在 1 年内造成的扭曲结果仅为十万分之一度，相当于人们从 400 m 外看一根头发丝那么细的物体。由于受测量技术所限，数十年来科学家们一直难有进展。

既然在地面上难以观测，能不能把实验移到太空中呢？1959 年，三位美国科学家首次提出利用人造卫星探测引力效应的想法，其基本原理是：把一个旋转的陀螺仪放在地球的轨道上，将陀螺仪的自转轴对准一颗遥远的恒星作为固定的参考点，如果空间是扭曲的，陀螺仪的轴向就会随着时间轻微地改变。只需精确记录下陀螺仪的轴向相对于参考恒星的改变量，就能测量出时空的扭曲程度。

差不多经过了半个世纪，直到 2004 年 4 月，用于检验这两种时空效应的"引力探测器 B"飞船终于发射升空。该飞船长 6.4 m，质量 3.1 吨，最主要的仪器是非常灵敏的超高精度回转陀螺仪。其中的 4 个由石英制成的陀螺旋转球经过精心打造，表面光滑无比，偏圆误差不超过数个原子的大小，被称作迄今人类制造出的最完美和最滚圆的球体。

为了提供一个近乎理想的时空参照系，这些陀螺仪必须处在最安静的环境下，丝毫不受任何外力的影响。旋转球以电场力方式悬浮在陀螺仪的中心位置，在真空状态下，以每分钟 1 万转的速度在一个对准了参考恒星的望远镜内旋转。望远镜外部包裹着超导铅袋，使其不受外界磁场影响。这些仪器被置于液氦冷却的绝热真空容器中，处于接近绝对零度的环境下，外面还有 4 层铅保护层，隔绝任何外界干扰。

如果爱因斯坦的预言是正确的，由地球导致的时空弯曲会使这些陀螺仪小球的旋转产生不平衡，逐渐脱离准线，并使陀螺仪沿着与地球自转轴相垂直的方向旋转。虽然这些变化很微细，但可以被飞船内的超导量子干涉仪感知。目前，该飞船已完成数据收集任务，科学家正在对这些数据进行分析。

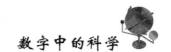

地球的最新质量

很久以来，人们都想知道地球到底有多重。可是，该用多大的秤来称量地球呢？就算有这样的秤谁又能扛动？就算能扛动，人该站在什么地方呢？

阿基米德有一句名言：给我一个支点，我能撬动地球。他是用这句话来说明杠杆定律的，但是，如果那时他知道地球的质量的话，可能就不会发出此豪言壮语了。

伟大的科学家牛顿发现了著名的万有引力定律，找到了测量地球质量的

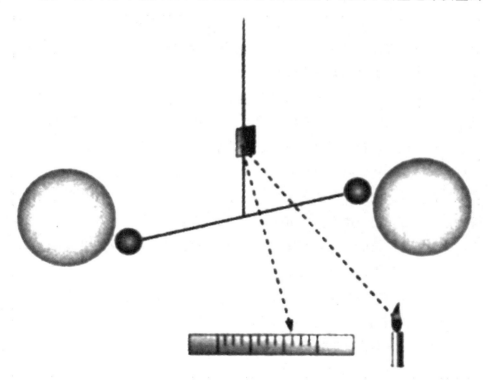

卡文迪什称量地球的方法原理图

途径。根据万有引力定律，两个物体间引力的大小与物质的质量成正比，与距离的平方成反比，比值恒定为一个常数，这就是引力常数。因为人们早已准确地知道了地球的大小，只要精确地测出引力常数值，就能计算地球质量。不过，由于没有精密的测量仪器，牛顿的尝试没有成功。

英国科学家卡文迪什用改进的扭力天平完成了测量。扭力天平的构造是，在一根木棒的两端分别系上金属小球，像一个哑铃那样，然后把它悬挂在一根金属丝上。两个小球的旁边对称放置两个铅球，铅球与小球间的引力使哑铃转动，金属丝扭曲。哑铃两臂末端和大球侧面均装有刻度标尺，这样便可测出细微扭曲的大小。为了不受空气流的干扰，扭力天平被置于空屋中。由于引力很小，扭曲也非常小，准确测量十分困难。为了便于观察，卡文迪什用反光镜将细微的扭曲放大，从而使天平的灵敏度大大提高。在 1798 年，卡文迪什第一个测出了地球的质量，得到的数值是 6.0×10^{24} kg，当今科学家测量出的地球质量为 5.978×10^{24} kg，两者之差只有 0.22×10^{24} kg，其准确度相当高。卡文迪许也因此被誉为"第一个称出地球的人"，卡文迪什的扭力天平实验被称为科学史上最美丽的物理学实验之一。

地球的质量确定后，科学家也用万有引力定律来测定太阳和其他行星的质量。地球和太阳之间的万有引力就等于引力常数与太阳质量和地球质量的乘积，再除以地球和太阳两者之间距离的平方，这一引力与地球赤道附近使地球环绕太阳旋转的向心力相等。该向心力等于地球质量乘以速度的平方再除以地球到太阳的距离。利用天文学家测得地球至太阳的距离，就可以得出地球围绕太阳旋转的速度，从而计算出太阳的质量。

假设阿基米德的臂力使他可以直接举起 60 kg（准确地说是 59.78 kg）的物体，要以杠杆撬动地球，长臂为短臂的 10^{23} 倍。因此阿基米德仅仅移动地球 1 mm，就需要站在 10^{20} m 之外了，这么远的距离即使光也要走 1 万年。

最近，美国的一个研究小组仿效 18 世纪科学家所做的扭力天平，重新测量了引力常数，得出的地球质量为 5.972×10^{24} kg，地球似乎变轻了少许。